彩色图解

肉鸽

高效养殖技术

＋

视频指导

卜柱　汤青萍　主编

化学工业出版社

·北京·

图书在版编目（CIP）数据

彩色图解肉鸽高效养殖技术+视频指导/卜柱，汤青萍主编. —北京：化学工业出版社，2022.2

ISBN 978-7-122-40392-6

Ⅰ.①彩… Ⅱ.①卜… ②汤… Ⅲ.①肉用型 x 鸽–饲养管理–图解 Ⅳ.①S836.4–64

中国版本图书馆 CIP 数据核字（2021）第 248588 号

责任编辑：邵桂林　　　　　　　装帧设计：刘丽华
责任校对：宋　夏

出版发行：化学工业出版社（北京市东城区青年湖南街13号　邮政编码100011）
印　　装：北京缤索印刷有限公司
850mm×1168mm　1/32　印张 8¼　字数 210 千字
2022 年 3 月北京第 1 版第 1 次印刷

购书咨询：010-64518888　　　　售后服务：010-64518899
网　　址：http://www.cip.com.cn
凡购买本书，如有缺损质量问题，本社销售中心负责调换。

定　　价：65.00 元　　　　　　　版权所有　违者必究
京化广临字 2022–02

编写人员名单

主　编　卜　柱　汤青萍

副主编　常玲玲　穆春宇　付胜勇　张　蕊
　　　　陈俊红　刘佳佳

编　者　卜　柱　汤青萍　常玲玲　付胜勇
　　　　陈俊红　刘佳佳　张　蕊　穆春宇
　　　　沈欣悦　戴鼎震　章双杰　赵东伟
　　　　范建华　贾雪波　吴兆林　陈卫彬
　　　　杨明军　梁　博　刘　敏　夏爱萍
　　　　秦永康　刘　朋　杨晓明　孙　鸿
　　　　许小飞　张　丹　朱立民

 **前 言**

随着人们生活质量的改善，鸽产品以其独特的营养价值和绿色属性满足了人民群众对优质食品的需求。巨大的消费市场促使肉鸽养殖企业近年来如雨后春笋般发展起来，养殖数量急速增加，规模日益扩大。据统计，我国 2020 年肉鸽存栏突破 4500 万对，年产商品鸽 7 亿多只。国家畜禽遗传资源委员会畜资委办【2021】1 号文件、国家畜禽遗传资源品种名录（2021 年版）增补鸽为我国第四大传统家禽，肉鸽产业的发展顺应了农业结构调整和产品品质升级的需要。

规模化养鸽对养殖技术要求很高。但多数养殖者文化水平不高，没有受过系统性技术培训，且观念陈旧，如无品种意识、有鸽便是种现象严重；场址选择随意，修建的鸽舍比较简陋；配套的饲养设施设备落后；重医治轻饲养倾向明显等。多数养殖场操作缺乏科学性、规范性。呈现饲养无标准、防疫无程序、产品品质差的现状，严重制约了我国鸽业的发展。

本书以更好地服务"三农"，提升规模化养鸽效益，促进规模化养鸽逐步向规范化、标准化迈进为宗旨，紧紧围绕肉鸽饲养的各个环节编写。书中汇集了近些年来国内外养鸽业的最新技术，以图文并茂加视频的方式展现给大家，力求通俗易懂。

本书在编写过程中得到了江苏省现代农业特色畜禽产业技术体系、中国农业科学院家禽研究所、新疆畜牧科学院畜牧研究所、金陵科技学院、江苏威特凯鸽业有限公司、河南天成鸽业有限公司、广州市益尔畜牧自动化设备有限公司等高校、科研单位和企业的帮助，在此一并表示感谢。

鉴于笔者专业水平有限，书中不足在所难免，敬请广大读者批评指正。

编者

2022.1.20

目 录

第四章 / 肉鸽疾病与防治 ·············· 105

第五章 鸽场的建设与装备 …………………… 159

第六章 / 肉鸽产品加工与营销 ·············· 183

视频目录

第一章

肉鸽品种
与
创新

第一节　国内常用肉鸽品种资源介绍

一、品种的概念与条件

品种，指物种内具有一定的经济价值、主要性状的遗传性比较一致的一种栽培植物或家养动物群体，能适应一定的自然环境以及栽培或饲养条件，在产量和品质上比较符合人类的要求，是人类的农业生产资料（张沅，家畜育种学，2001）。品种需具备以下 6 个条件。

① 来源相同：有着基本相同的血统来源，个体彼此间有着血统上的联系，遗传基础相似。

② 性状及适应性相似：在形体结构、生理机能、重要经济性状、对自然环境条件的适应性等方面都比较相似，据此很容易与其他品种相区别。

③ 遗传性稳定：具有稳定的遗传性，才能将其典型的特征遗传给后代，使得品种得以保持下去。这是纯种家畜和杂种家畜最根本的区别。

④ 一定的结构：在具备基本共同特征的前提下，一个品种的个体可以分为若干各具特点的类群，如品系或亲缘群。这些类群可以是自然隔离形成的，也可以是育种者有意识地培育而成，它们构成了品种内的遗传异质性。

⑤ 足够的数量：数量是决定能否维持品种结构、保持品种特性、不断提高品种质量的重要条件，数量不足不能成为一个品种。只有当个体足够多时，才能避免过早和过高的近亲交配，才能保持个体足够的适应性、生命力和繁殖力，并保持品种内的异质性和广泛的利用价值。

⑥ 被政府或品种协会所承认：必须经过政府或品种协会等权威机构进行审定，确定其是否满足以上条件，并予以命名，只有这样才能正式称为品种。

二、引进品种

（一）王鸽

又称大王鸽，是美国培育的世界著名肉鸽品种，也是世界上饲养数量最多、分布面积最广的品种（视频1-1）。1977 年引入中国，即成为我国肉鸽养殖中的当家品种，数量和分布都居领先地位。按照羽色主要分为白羽王鸽、银羽王鸽。

1. 白羽王鸽

又称白王鸽（图 1-1），是美国用白鸾鸽、白马耳他鸽、白贺姆鸽和白蒙丹鸽四元杂交选育而成。肉用白羽王鸽特点是：头圆，前额突出，全身羽毛洁白，尾羽略向上翘。王鸽原本是理想的肉鸽品种，引进我国之初生产性能也很不错，但由于缺乏系统的选育，当

图 1-1　白羽王鸽
（卜柱　摄）

前王鸽都退化了，体型小，成年鸽体重 500~600 克，乳鸽 28 日龄体重只有 480~500 克；产蛋优良，年产蛋可达 20 个，年产乳鸽 16~17只，白羽王鸽将来可以往蛋鸽方向选育。

2. 银羽王鸽

又称银王鸽（图 1-2），是美国用灰色鸾鸽、灰色马耳他鸽、灰色蒙丹鸽、灰色贺姆鸽四元杂交培育的肉鸽品种。银羽王鸽的特点是体型比白羽王鸽稍大，全身紧披银灰略带棕色羽毛，翅羽上有两条黑色带，腹部和尾部呈浅灰红色，颈部羽毛呈紫红色略带有金属光泽。银羽王鸽除具有白羽王鸽的全部优点外，性情更温顺，生产性能好，成年种鸽体重 650~800 克，年产乳鸽 16 只，乳鸽 28 日龄体重 600 克，乳鸽生长快，仔鸽体型大，饲料报酬高，蛋大，蛋壳厚。对喜爱有色羽的地区可以利用银羽王鸽配套生产有色羽乳鸽。

3. 其他

由于不同地区的消费者喜好不同，有些鸽场还养有少量的灰羽王

鸽（图1-3）。全身被深灰色羽毛，接近野生岩鸽的灰壳，翅羽上有两条黑色带。成年种鸽体重550~650克，年产乳鸽18只，乳鸽28日龄体重500克。深色羽鸽子的生活力普遍比白羽鸽强，而且北方部分地区偏好灰色鸽子，俗称"草鸽"。

图1-2　银羽王鸽

（卜柱　摄）

图1-3　灰羽王鸽

（卜柱　摄）

（二）卡奴鸽

产于比利时、法国，为世界名鸽。其特点是外观雄壮、粗颈短翼，站立时姿态挺立，羽毛紧凑，尾巴斜向地面。该鸽性情温顺，繁殖力强，育雏性能非常理想，颜色主要有纯红、纯黄、纯白3种（视频1-2）。在我国饲养量比较多的是白卡奴鸽。

视频1-2

扫码观看：卡奴鸽

图1-4　白卡奴鸽

（卜柱　摄）

白卡奴鸽（图1-4）是美国棕榈鸽场培育的。它是用法国和比利时红色带有较多白羽的卡奴鸽与白贺姆鸽、白王鸽、白鸾鸽进行四元杂交，经过长期选育而成。成年鸽600~750克，年产乳鸽16只，乳鸽28日龄体重550克，生产性能好。卡奴鸽最大的特点是性情温顺、孵育能力强，可以适应"2+3"或"2+4"生产模式，产蛋和产肉性能兼顾，很受养殖户欢迎，在我国饲养量逐年上升。卡奴鸽高产、孵育能力强的特点非常适合做肉鸽配套系中的母本。

另外，由于消费习惯和市场需求，我国不少鸽场还保存一些红卡奴鸽（图 1-5）和黄卡奴鸽（图 1-6），但数量有限。

图 1-5 红卡奴鸽

（卜柱 摄）

图 1-6 黄卡奴鸽

（卜柱 摄）

（三）欧洲肉鸽

也称法国肉鸽（视频 1-3），于 2000 年由法国克里莫公司引进，现保种于江阴市江苏威特凯鸽业有限公司。欧洲肉鸽［米玛斯曾祖代Ⅰ、Ⅱ、Ⅲ系（图 1-7~图 1-9）］，Ⅰ系产蛋性能优良、Ⅱ系产蛋与生长性能均衡、Ⅲ系生长速度快。欧洲肉鸽体躯粗壮、深广、浑圆而充实，全身肌肉厚实，全身羽毛洁白而紧贴，两肩之间开阔而平展，向后缓缓收窄而呈明显楔形。胸部丰满是欧洲肉鸽最大的特点，胸肌呈"M"形。成年鸽体重700~750 克，年产乳鸽 13~15

视频 1-3

扫码观看：欧洲肉鸽

图 1-7 欧洲肉鸽Ⅰ系

（卜柱 摄）

只，商品代乳鸽体重均在600克以上，乳鸽屠宰率87.4%以上，胸肌率28%~30%。

欧洲肉鸽胸部丰满，早期生长速度快，是良好的肉用鸽种，还有抱孵力强的优点；缺点是由于体型较大，产蛋略差，受精率略低（约89%）。欧洲肉鸽是肉鸽配套系培育中优良的父本之选。

图1-8 欧洲肉鸽Ⅱ系

（卜柱 摄）

图1-9 欧洲肉鸽Ⅲ系

（卜柱 摄）

（四）泰深鸽

原产于法国，为羽色雌雄自别品种（视频1-4）。泰深鸽（图1-10）体型中等，公鸽羽色为全白或少量黑白相间，颈上有黑白或黄白花的项圈，母鸽羽毛为灰二线，与灰羽石歧鸽相似。成年体重：公鸽600~650克，母鸽500~550克，年产乳鸽15只，乳鸽28日龄体重达470克。泰深鸽抗病力较差，死淘率偏高，且公鸽出雏率低。可利用其羽色自别的特性配套生产羽色自别鸽，尤其是需要早期性别鉴定的蛋鸽的培育。

视频1-4

扫码观看：泰深鸽

图1-10 泰深鸽

（卜柱 摄）

三、地方品种

（一）石岐鸽

石岐鸽（图 1-11）是原产我国广东省中山市石岐镇的地方品种，距今有 100 年历史。现由广东省中山食品进出口有限公司石岐鸽场保存。它是由中山的海外侨胞带回的优良种鸽与中山本地品种进行杂交、不断改良而成（视频 1-5）。

视频 1-5
扫码观看：石岐鸽

保存的石岐鸽现在基本为白色，体型较长，翼及尾部也较长，形状如芭蕉的蕉蕾，胸圆，适应性强（尤其适应我国南方的自然环境），耐粗饲，生产性能良好，可年生产乳鸽 14~15 只。成年体重 580~720 克，年产蛋 17 个，乳鸽 28 日龄体重 500 克。

图 1-11　石岐鸽

（引自《中国畜禽遗传资源志·家禽志》）

（二）塔里木鸽

又称新和鸽、叶尔羌鸽，原产于新疆塔里木盆地西部叶尔羌河与塔里木河流域一带（视频 1-6）。塔里木鸽（图 1-12）颈粗短，胸部突出，背部平直。羽毛以灰色及灰二线、雨点色为主，喙短微弯，呈紫红色或黑色，爪呈黑色。塔里木鸽选育程度较低，基本是家庭放养，由于体型小、生长慢，鲜有规模化饲养。成年体重 360~410 克，平均开产日龄 150 天，年产蛋 14~16 个，年产乳鸽 10~12

视频 1-6
扫码观看：塔里木鸽

只，28 日龄体重 350 克左右。

　　塔里木鸽适应于新疆干燥、寒冷、昼夜温差大的自然环境条件，适应性强，耐粗饲。将来要加大塔里木鸽的选育，利用时以与高产肉鸽杂交为主，既可适应西北的环境，又可提高生产性能。

图 1-12　塔里木鸽

（引自《中国畜禽遗传资源志·家禽志》）

（三）太湖点子鸽

　　太湖点子鸽（图 1-13）原产地为江浙一带，中心产区为环太湖地区。太湖点子鸽体型中等（视频 1-7）。凤头、平头各半，脸清秀，眼大有神。全身大面积白色，头顶有一点黑羽，尾羽黑色盖过泄殖腔，黑白两色之间界限如刀割般整齐。少量个体头部点羽和尾羽为棕色。喙短而粗，上黑下白

视频 1-7

扫码观看：太湖点子鸽

（俗称阴阳嘴）。胫深红色，爪以四趾为主，少数为五趾和混合趾。成年体重 370~420 克。开产日龄为 150~170 天，年产蛋14~18 个，年产乳鸽 10~13 只。28 日龄体重 360 克左右。

图 1-13　太湖点子鸽

（汤青萍　摄）

　　太湖点子鸽外形优美，可以作为观赏鸽，也可以作为培

育具有五趾性状商品标识的肉鸽配套系育种素材。

四、培育品种

（一）天翔 1 号肉鸽

天翔 1 号肉鸽配套系（图 1-14）是由深圳市天翔达鸽业有限公司和广东省家禽科学研究所共同培育。商品代乳鸽具有前期生长速度快、饲料消耗少的特点。

体型外貌：父母代全身羽毛白色。公鸽，体型偏大，尾稍长；头部清秀，颈粗，背宽胸深，胸肌饱满；胫呈粉红色，较粗壮，两腿直立而阔。母鸽，身体较长，尾平，羽毛结实，尾羽略向上翘，体态丰满结实，体躯宽阔而不短，两腿直立而阔。商品代，白羽，肤色清白。

生产性能：在自然生产条件下（亲鸽自然孵化、乳鸽不拼并）父母代平均开产日龄 190 天，80 周龄产蛋数 22.8 个，种蛋受精率 88.0%，受精蛋孵化率 86.6%；商品代乳鸽 28 日龄平均体重 570.5 克，屠宰率 86.7%，胸肌率 23.9%。

（二）苏威 1 号肉鸽

苏威 1 号肉鸽配套系（图 1-15）是由江苏威特凯鸽业有限公司和江苏省家禽科学研究所共同培育。具有父母代繁殖性能好、商品代体重大的特点。

图 1-14　天翔 1 号肉鸽

（陈益填　摄）

图 1-15　苏威 1 号肉鸽

（卜柱　摄）

体型外貌：父母代全身羽毛白色。眼睑红色，喙、鼻瘤浅红色。皮肤白色。公鸽，体型大，头圆颈粗，胸肌较发达。胫粗壮，胫、爪红色。母鸽，体型中等，尾羽紧凑微翘。胫、爪橘红色。商品代体型较大，全身羽毛白色，尾羽细短，微翘。喙、鼻瘤浅红色。胫、爪红色。胸肌饱满，皮肤白色（视频1-8）。

生产性能：在自然生产条件下（亲鸽自然孵化、乳鸽不拼并）父母代平均开产日龄 189 天，80 周龄产蛋数 21 个，出栏乳鸽数 17.4 只；商品代 28 日龄平均体重 573 克，成活率 98.2%，胸肌率 26.2%。

第二节 种鸽的选择与引进

一、品种的选择

品种是养殖场的根本，只有选对了品种才可能在相同的生产条件下，获得更多的产出和收益。在选择种鸽时应重点考虑以下几个方面：

（一）准备为市场提供的产品

所有养殖行为，最终都是为了给市场提供畜产品。肉鸽养殖给市场提供的无外乎种鸽、乳鸽和鸽蛋。养殖企业要根据自己的市场定位选择相应的品种。准备出售种鸽，就要考虑品种的繁殖性能和后代的一致性，出售乳鸽就要考虑乳鸽的体型外貌和生长速度，出售鸽蛋就要选择产蛋性能好的品种。

（二）品种的适应性和种质特性

适应性：地方鸽种是经过长期的自然选择和人工选择的结果，每个品种都有其适应的自然环境范围，引地方品种，自己企业所处的自然环境要与品种形成的分布区域自然生态环境相接近。配套系通常适应性更广，但也与培育企业当地的自然生态环境相接近为好。

体型外貌：体型有大、中、小之分，通常体型越大乳鸽体重也越大。羽毛颜色以白色为主，还有银羽、灰羽、红羽、黑羽、雨点等。另外还要考虑头型（平头、凤头）、肤色、胫色等外貌特征。企业根据自己销售市场的偏好选择。

繁殖力：肉鸽整体繁殖力较低。重点考察年产蛋数和年产乳鸽数。生产性能越高，将来的产出就会越多。

生产性能：28天的乳鸽体重可以达到多少。如需提前或推后上市，上市日龄的体重能否达标。

（三）引进配套系的代次

肉鸽、蛋鸽应依次分为曾祖代、祖代、父母代、商品代，曾祖代、祖代和父母代都是种鸽。在肉鸽上，直接出售的乳鸽，就是商品代；用于生产乳鸽的产鸽就是父母代种鸽，进而往上推；而对于蛋鸽，用来产鸽蛋的产鸽，是商品代蛋鸽，然后往上推。引进的配套系代次必须跟准备生产的产品相适应。

纯种不分代次。

二、种鸽的引进

（一）引种的操作流程

（1）了解市场需求。

（2）引种者自身条件。包括可行性评估、论证、养殖定位、规模、经营水平、技术水平、资金和销路等。

（3）应有市场风险意识。

（4）了解各品种（品系、配套系）的适应性、生产性能。

（5）了解供种单位的资质与服务水平。

（6）引种"对象"（种蛋、乳鸽、童鸽、青年鸽、产鸽）的考虑。

（7）引种季节的选择，避开夏季和高发病季节。

（8）价位问题、运输问题均要全面考虑。

（9）勿去疫区引种。

(二)引种注意事项

1. 引种前的实地考察

引种前需前往准备引种的企业考察该企业的资质(是否具有种畜禽生产经营许可证)、可以供应的品种及代次、饲养管理水平、一次可以供种的数量,进而双方商定引进的品种、代次、月龄和供种时间,及一些特殊的条款,签订供种合同。

2. 引种前的准备

养殖企业引种前需准备好饲养场地、棚舍、器具设备;招聘技术员和工人;进种鸽前全面消毒,准备好饲料、饮水和保健砂、营养多维及预防用药。

3. 验收及提货

对照合同,核对种鸽的品种、代次、月龄,检查健康状况。问清楚免疫情况,清点数量,索要引种证明、检疫证、品种标准和饲养管理手册。

4. 运输途中注意事项

尽量选择春秋季运输,冬季考虑保暖、夏季考虑降温。起运前饮水中添加多维,运输途中有条件地给予饮水。

5. 种鸽进场

种鸽运到目的地后,尽快放到鸽棚中,让其休息。保证有充足的饮水和饲料。单独饲养,10 天后免疫,隔离满 1 个月后,在鸽群健康的情况下才能与场内已有的鸽群混养。

第三节　育种

一、开展育种工作的重要性

(一)国内肉鸽种质资源现状

1. 引进品种杂化,自主培育品种缺乏

我国在 20 世纪 70 年代开始养殖肉鸽时,国内只有石岐鸽可以用。

为了提高饲养量和产量，我国先后从国外引进的优良鸽种有 10 多个。但进口种鸽，价格高昂，引进数量有限。引进之初大部分都是在炒种，没有进行有效选育；另一方面为了满足种源数量需求，广大鸽场只能利用简单的二元经济杂交（进口鸽种与本地鸽杂交）向市场推出。引进鸽种严重退化与杂化的同时，我国肉鸽自主育种工作明显滞后于产业的发展。

2. 种鸽自养自繁，品种混乱，生产性能参差不齐

由于肉鸽养殖起步较晚，大多数养殖场规模较小（2000~3000对），整个产业育种意识淡薄，没有种鸽和商品鸽的概念。养殖户买回的种鸽一边生产一边留种，没有专门的育种群，留下的就是种。鸽场青年鸽数量少，都饲养在一个飞棚里，不问什么品种，只要配上对，就开始产蛋孵仔。所以目前大多数养殖场种鸽品种混乱（无品种可言）。各个养殖场饲养管理水平不同，同样的鸽子生产水平差异也较大，注重留优劣汰，种鸽性能良好；随意留种，也无选择的，生产水平低下。

（二）开展育种工作的意义

养殖效果的好坏关键看养殖对象——种的好坏，种的品质决定着后续生产成绩的高低。在畜牧生产效率的提高中，家畜遗传育种的贡献率最高，占 40%。充分利用资源与技术，培育出具有优良性状的品种、品系或种群，才能在同样的条件和投入下，获得畜牧生产最大的产出和效率。

为了解决目前我国肉鸽养殖种质资源存在的问题，提升整体生产水平，迫切需要开展品种选育。具有一定规模的鸽场可以和科研单位合作培育具有自主知识产权的，符合生产、消费需求的新品种（配套系）。对已经引进过种鸽或场内已有生产鸽生产性能有待提高的，需要开展选育工作。

育种的实质：选与育。

选，就是从群体中选择出生产性能好的鸽子，淘汰生产性能差的鸽子。乳鸽体重落在选择范围内，才能留下继续饲养，青年鸽和产鸽在不同生产阶段按照育种指标选优汰劣。只有满足育种要求选留后的产鸽的后代才能作为种鸽。每一世代不断重复选择，提高性能。遗传进展的快慢（生产性能提高的程度）取决于淘汰力度的大小。

育，就是让选留下的优良产鸽尽可能多地繁殖后代，扩大种鸽的后备群。精细化管理，保证种鸽健康，生产性能正常发挥。

二、品系选育

品系作为鸽子育种工作最基本的种群单位，在加速现有品种改良、促进新品种育成和充分利用杂种优势等育种工作中发挥着巨大的作用。

常用的建系方法包括系祖建系法、近交建系法和群体继代选育建系法等3种方法。目前肉鸽育种中最常使用的是群体继代选育建系法。

群体继代选育法又叫世代选育、闭锁群选育。该方法是根据群体遗传学和数量遗传学理论在群体基础上发展起来的品系育种方法。

（1）原始基础群的组成　原始基础群，又称"0世代"。0世代基础群是由一定数量的优良公母鸽共同组成。

"0世代"基础群可以来自若干个优良的家系，也可以来自一般的生产群。可以同质优选（有利于专门系），也可以异质拔尖（有利于综合系）。但一定要选择品质优良的公母鸽组群，使这个基础群成为一个优良的基因库。在这个基因库中某一优良基因的初始频率越高，将来把它固定下来的机会也越多。

基础群的公母鸽之间最好没有亲缘关系。鸽群有效含量足够大时，可以不考虑亲缘关系，只要优良就可以入选。

（2）群体闭锁　当"0世代"原始材料基础群组成以后，就要实行系群闭锁，直到品系育成为止。即只允许这个群体以内的公母鸽互相配种繁殖，而不再从这个群体以外引入新个体，所以又叫闭锁群育种法。

（3）随机交配　群体建系法公母鸽配种时，避开亲缘，实行随机交配。

（4）选种方法　为了确保选择的准确性，亲鸽和后裔都要戴有唯一标识的脚环，做好系谱记录；同时准确记录家系内各个个体的生产性能数据。后裔备选群，不能随意淘汰。根据制定的育种目标与选择标准选择和淘汰。对遗传力较高的性状，可以采用个体选择；遗传力较低的性状采用家系选择。

世代选育的结果，可能使后代逐渐集中于少数祖先的血统，甚至会集中到某个祖先而形成类似系祖建系的结果。

（5）缩短世代间隔　在满足育种要求的前提下，应尽可能早地完成世代更替，以便加速育种进程，在较短的时间内达到育种目标。

（6）保系　品系育成后，应扩群投产，满足生产上的需要。保群：对育种群降低选择强度，扩大选留家系数，减少因强度选择而增加的近交率；延长世代间隔，减缓基因漏失率。

三、配套系培育

培育新的配套系是当前肉鸽育种工作中一项主要内容。所谓配套系杂交，就是按照育种目标进行分化选择，培育一些专门化品系，然后根据市场需求进行品系间配套组合杂交，杂种后代用于经济利用。

（一）配套系培育的步骤

1. 确定育种目标

对市场充分调研，找到特定市场的消费需求，确定育种目标，进而制定育种方案，明确育种方法、选择指标和理想型的具体要求等内容。

2. 选择育种素材（品种）

品种的选择以达成育种目标为目的。品种选择的依据是种质测定。要充分分析素材的遗传结构、遗传稳定性、生产性能等。需要强调的是，在所选品种中父本重点考虑生长性状和受精率；母系重点考虑繁殖性能。

3. 专门化品系培育

对初步选定的育种素材，建立家系，进行品系选育。专门化品系是指，按照育种目标进行分化选育，每个品系具有某方面的突出优点，不同品系配置在繁育体系不同层次的指定位置，承担着专门任务。专门化品系培育，重点是做好选择工作。

（1）个体选择　主要是以育种目标为依据进行选择，包括外貌鉴定和生产力鉴定两部分。外貌鉴定：通过肉眼观察羽毛颜色是否符合品种特征、发育是否完整，个体是否健康无残疾；手摸判断鸽的发育是否良好，从而确定该鸽是否可留作种用。

生产力鉴定：4周龄体重或上市体重：乳鸽作为肉鸽养殖主要的

终端产品，以只为单位销售，体重达标是上市的前提。

25周龄体重：25周龄鸽子基本已达到体成熟和性成熟，处于上笼配对期。这时达标的体重是后续发挥良好繁殖性能的保证。

产蛋间隔：母鸽产相邻两窝第一个蛋之间相隔的天数。产蛋间隔的长短直接决定了产蛋数的多少。产蛋间隔可以在产鸽生产记录纸上清楚地看到，计算也相对简便。

年产蛋数：一对产鸽一年可以提供多少个种蛋，是后续雏鸽数量的基础。对以生产鸽蛋为主的品种，这个指标非常重要。

年产出栏乳鸽数：一对产鸽一年可以提供多少只乳鸽，这一指标是若干繁殖指标的最终计算结果，是考核一对产鸽繁殖性能的终极指标。

根据制定的育种计划，选择性状只有达标的个体才能留下。

（2）家系选择　在品系培育过程中采用闭锁群繁育，核心群通常会建立家系。对遗传力较低的繁殖性状会采用家系选择。即以家系为单位计算生产性能平均值，然后根据选择标准确定这个家系的去留。

4. 配合力测定

在培育专门化品系的过程中，一般要求从第三代开始，每一世代都要进行配合力测定。即各专门化品系间杂交组合试验，必须有多个品系进行正反杂交，才能评选出配合力最好、杂种优势最强的杂交组合，从而确定配套模式。

5. 扩繁中试阶段

纯系大量繁殖的基础上，把培育出的新配套系由育种场推广到生产中去，进一步了解新配套系的生长性能、繁殖性能、适应性等，以便及时总结经验，有针对性地改进或维持。

（二）配套系的形式

配套杂交可能是二系配套、三系配套、四系配套，甚至更多的系配套。不同的配套模式涉及的种群数目不同，生产过程不同。常见的是二级杂交繁育体系和三级杂交繁育体系。图1-16、图1-17及图1-18分别是二系配套二级杂交繁育体系、三系配套三级杂交繁育体系以及四系配套三级杂交繁育体系的示意图。

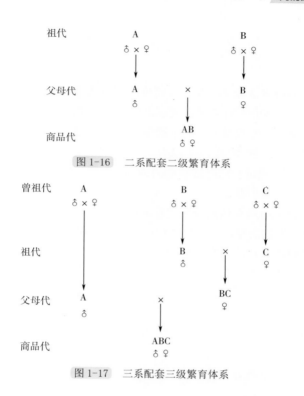

图 1-16 二系配套二级繁育体系

图 1-17 三系配套三级繁育体系

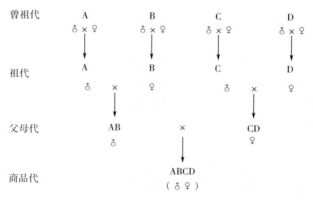

图 1-18 四系配套三级繁育体系

（三）肉鸽配套系审定的要求

1. 基本条件

（1）血统来源基本相同，有明确的育种方案，至少经过4个世代的连续选育，核心群有4个世代以上的系谱记录。

（2）体型、外貌基本一致，遗传性比较一致和稳定，主要经济性状遗传变异系数在10%以下。

（3）经中间试验增产效果明显或品质、繁殖力和抗病力等方面有一项或多项突出性状。

（4）提供由具有法定资质的畜禽质量检验机构最近3年内出具的检测结果。肉禽需提供包括种禽和商品禽检测报告。

（5）健康水平符合有关规定。

（6）要求具有固定的配套模式，该模式应由配合力测定结果筛选产生。

2. 数量条件

（1）由两个以上的品系组成，最近4个世代每个品系至少40个家系，鸽测定数不少于300对。

（2）年中试数量　鸽不少于50万只。

3. 应提供的外貌特征、体尺和性能指标

（1）外貌特征描述　羽色、体型、冠型、冠色、喙色、胫色、皮肤颜色等。

（2）体尺　体斜长、胫长、胫围、胸宽等反映本品种的体尺指标。

（3）性能指标　初生重，3~4周龄体重，成活率，饲料转化比，屠宰率，胸肌率，腿肌率，肉品质；20%种鸽平均开产周龄，1~3年龄配对鸽平均产蛋数，1~3年龄产雏鸽只数，种蛋受精率和孵化率。

四、配套系在肉鸽生产中的优势

1. 市场需求

鸽子作为晚成鸟，新出生的雏鸽没有单独生活能力，依靠双亲逆

呕鸽乳喂养生存至少要到 17~20 日龄，亲鸽和乳鸽是不可分割的整体。肉鸽场最低一级就是父母代场，肉鸽父母代和商品代是同时养殖的，父母代产出更多的乳鸽是养殖场基本的追求。肉鸽养殖终端产品为乳鸽，当前乳鸽市场以只为单位销售，体重越大的乳鸽越受市场欢迎。

2. 配套系在肉鸽生产中的优势

繁殖和生长这两个性状是拮抗的，通常体重越大的鸽子，其繁殖性能就越差；而体重略小的鸽子繁殖性能反而会高。如果使用纯种生产，单纯追求亲鸽的高繁殖性能则乳鸽的体重就不达标，如果重点考虑乳鸽的体重往往亲鸽的繁殖性能就不理想。而使用配套系生产，可以很好地解决这个问题。

配套系的本质是杂交，充分利用杂交优势。配套系就是多个种群分工明确、层次井然、结构合理、互补互作、相辅相成，使得杂交取得最佳效果。配套系的各个代次与亲本都有明确的分工，父母代中的父本重点会选育体重、母本会重点选育繁殖性能，这既保证了父母代的繁殖效率，乳鸽体重也会比较理想。

配套系培育过程中会选育一些专门化品系，这些专门化品系都有各自突出的特点，除传统培育快长和高繁殖力专门化品系外，现在抗逆、肉品质、对某种疾病的抗性等也会作为育种目标。

纵观产业发展比较成熟的养鸡业和养猪业，也都经历了使用纯种生产到配套系生产的过程，配套系是目前畜牧业中相对比较现代和成熟的制种方式。配套系推广也可以最大限度地保护育种场的核心种源不外流。

配套系新陈代谢强度一般较高，会紧跟市场需求，不断调整配套方式，以满足养殖户的需求。

第二章

肉鸽营养
与
饲料

第一节　鸽消化生理特性及饲料选择

一、鸽的消化生理特点及营养需要

（一）鸽的消化生理特点

1.鸽消化系统解剖图

鸽子消化系统（图2-1）的主要功能是消化食物、吸收营养和排泄废物。它由口腔、食道、嗉囊、腺胃、肌胃、小肠（十二指肠、空肠和回肠）、大肠（盲肠和直肠）、泄殖腔、肝脏和胰脏等消化器官组成。

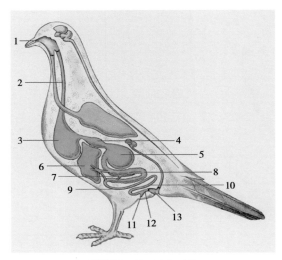

图2-1　鸽子消化系统

1—口腔；2—食管；3—嗉囊；4—腺胃；5—肌胃；6—肝脏；7—胰腺；
8—十二指肠；9—空肠；10—回肠；11—盲肠；12—直肠；13—泄殖腔

2. 鸽消化器官生理特点

（1）口腔　口腔与咽直接相连，没有牙齿、唇和软腭。上、下颌形成喙，喙呈圆锥体，外表有坚硬的角质，其边缘光滑，适宜采食。口腔顶壁中央有一纵行缝隙，是内鼻孔的开口。舌头呈三角形，舌根固着于舌内骨上。舌肌不发达，舌黏膜上无味觉乳头。禽口腔黏膜内虽也分布有味蕾，但因食料不经咀嚼而很快吞咽，所以作用不大。咽与口腔及食管仅以黏膜上的一些乳头为界。顶壁有一耳咽管咽口，底壁有喉。唾液腺很发达，在口咽的壁内几乎形成连续的一片，导管很多，开口于口腔和咽的黏膜。

（2）嗉囊　食道是易扩张的肌性管道，位于咽与腺胃之间，长度大约为 9 厘米，是饲料进入鸽体的通道，无消化作用。进食的饲料，借助食道腺分泌物的润滑下移至嗉囊。嗉囊是食道下部的膨大部分，可分为两个大的侧囊。囊壁薄，外膜紧贴在胸肌前方和皮肤上。它是饲料暂时贮存处，具有发酵、软化饲料和分泌鸽乳的功能。亲鸽在孵育期间，在脑下垂体后叶分泌催乳激素的作用下分泌鸽乳。鸽乳是由雌鸽和雄鸽发达的双叶嗉囊中的增殖扁平上皮脱落的充满脂肪的细胞产生。

（3）胃　鸽的胃分为前后两部，前部为腺胃，后部为肌胃。

腺胃呈纺锤形，位于嗉囊和肌胃之间，壁内有发达的腺体，开口于黏膜表面的一些乳头上，分泌盐酸和蛋白酶。腺胃能初步消化食物中的蛋白质，饲料通过腺胃很快混合胃液后进入肌胃。

肌胃是椭圆形的凸面体，质地紧硬，位于腹腔的左腹侧，重量大约为 9 克，有两个开口，前口为贲门，与腺胃相通；后口为幽门，与十二指肠相通。由一对背侧肌和腹侧肌与一对前背中间肌和后腹中间肌组成，通过发达的腱膜把 4 块肌肉连接起来，其内壁覆盖着由本身腺体分泌而形成的黄绿色的角质膜（俗称"内金"），表面有许多纵向平行的皱裂。角质膜坚硬，对蛋白酶、稀酸、稀碱和有机溶剂等均有抗性，并具有磨损脱落和不断修补更新的特点。肌胃具有周期性运动，平均每隔 20~30 秒钟收缩 1 次。肌胃的主要功能是对饲料进行机械性磨碎，因常含有吞食的沙砾，因此又有砂囊之称。

（4）肠道　肠道由小肠（十二指肠、空肠和回肠）、大肠（盲肠和直肠）组成。

小肠分十二指肠、空肠和回肠三段，平均长度为95厘米。十二指肠起于肌胃，呈"U"形，内着生胰腺，终止部有肝管和胰管的开口。十二指肠下连空肠。在小肠中段有一短的盲突，称为卵黄囊柄或卵黄囊室，作为空肠和回肠的分界，回肠上接空肠，下连直肠，小肠内壁黏膜有许多小肠腺，能分泌麦芽糖酶、蔗糖酶、胰脂酶和胰淀粉酶等。小肠是食物停留时间最长和主要的消化、吸收场所，肝脏和胰脏分泌的胆汁、胰液均进入十二指肠。胆汁中和胃酸、活化淀粉酶和脂肪酶、助碳水化合物和脂肪的消化。胰液中含有蛋白水解酶分解蛋白质、脂肪水解酶分解脂肪、淀粉水解酶分解碳水化合物。小肠壁的黏膜形成大量的绒毛，以十二指肠的绒毛最大，往下逐步变短变粗，有吸收各种营养物质的功能。

大肠包括直肠和盲肠，直肠粗而短，一般长3~5厘米，前接回肠，后通泄殖腔。部分纤维素和其他糖类被细菌等微生物发酵之后，产生乳酸、乙酸等低级脂肪酸，可被大肠黏膜吸收；有益菌也能分解蛋白质、多种氨基酸及尿素等含氮物质，产生氨、胺类及有机酸；还能合成B族维生素和维生素K。直肠因短而不能贮存粪便，所以鸽子总是排泄频频，这有利于减轻体重，适应飞翔。直肠的主要功能是吸收水分、电解质、盐类，形成粪便。盲肠的入口处为回肠和直肠的分界线，退化为短柄状，长度为0.5~0.8厘米，有吸收水分的作用。在入口处有淋巴组织，形成盲肠扁桃体。

（5）泄殖腔　直肠末端膨大而形成泄殖腔，是消化、泌尿和生殖的共同通道（粪和尿在此混合后即排出体外），在它的背壁是腔上囊，幼鸽腔上囊发达而比泄殖腔大，随着年龄的增长而逐渐萎缩退化成一个具有淋巴上皮的腺体结构。泄殖腔内有两个由黏膜形成的不完全环形襞，把它分隔成前、中、后三室。前室为粪道，直接与直肠连接；中室为泄殖道，输尿管和生殖管开口于此；后室为肛门，并开口于体外。肛门的上下缘形成背、腹侧肛唇。括约肌与来自耻骨和坐骨的肛提肌控制泄殖腔的活动。泄殖腔能吸收少量水分。

（6）肝脏　肝脏较大，平均大约重 25 克，分两叶，右叶大，左叶小，质地脆弱。孵化后期由于吸收带有色素的卵黄脂质而呈黄色，出壳 15 天后逐渐变成红褐色。鸽子没有胆囊，胆汁由肝脏直接分泌进入十二指肠。胆汁能乳化脂肪，激活胰脂酶，帮助小肠消化吸收脂肪。此外，它还具有合成、贮存和分解糖原，合成和贮存维生素、血浆中的蛋白质以及解毒等功能。

（7）胰脏　鸽子的胰脏很发达，是一个狭长实心的腺体，着生于"U"形弯曲的十二指肠中，呈灰白色，长度约 5 厘米，重约 1.4 克，分背、腹、脾 3 个侧叶。其上皮分化形成外分泌和内分泌部。外分泌部所分泌的胰液中含有胰蛋白酶、胰脂酶和胰淀粉酶等，胰液通过导管输入十二指肠。这些酶对小肠营养物质的消化起着重要的作用。外分泌部即胰岛，分泌胰岛素和胰高血糖素，它们共同调节体内糖的分解、合成和血糖的升降。

（二）鸽的营养需要

1. 维持鸽正常生长繁殖的营养素

肉鸽的活动量大、体温高、生长发育快、代谢较旺盛，因而比其他畜禽需要更多的营养物质，尤其是水、能量、蛋白质、矿物质、维生素等。应强调的是，规模化笼养的肉鸽必须按其营养需要提供足量的饲料，使肉鸽得以正常发育，并充分发挥其生产潜力。

（1）水　水是构成鸽体和蛋的主要成分，乳鸽和蛋的含水量约 70%，成年鸽含水 60%，老年鸽约 50%。缺水比缺少饲料的后果严重得多，轻则引起消化不良、体温升高、生长发育受阻，重则引起机体中毒。鸽子的饮水量一般每只每天 50~70 毫升。饮水量随环境气候条件及机体状态而变化，夏季及哺乳期饮水量相应增加，笼养肉鸽比平养肉鸽饮水量多。气温对饮水影响最大，0~22℃饮水量变化不大。0℃以下饮水量减少，超过 22℃饮水量增加，35℃是 22℃时饮水量的 1.5 倍。

（2）能量　能量是鸽子最基本的营养物质。鸽子的一切生理活动过程，包括运动、呼吸、循环、神经活动、繁殖、吸收、排泄、体温调节等都离不开能量的供应。能量的主要来源是碳水化合物，其次还有脂肪和蛋白质。碳水化合物在鸽子的生命活动中占有十分重要的地位，能量的70%~80%来自它。碳水化合物除用于提供能量以外，多余的被转化成脂肪而沉积在体内作为贮备能量，或者用于产蛋。

碳水化合物主要包括淀粉、糖类和纤维。饲料成分中淀粉作为鸽子的热能来源，其价格最为便宜。因此，在鸽的日粮中必须要喂给富含淀粉的饲料，如玉米、小麦等。纤维素主要存在于谷豆类籽实的皮壳中。日粮中适量的纤维素可促进鸽的肠蠕动，有利于其他营养物质的消化吸收。但是日粮中的纤维素含量不能过高，因为鸽子对纤维素的消化能力较低，如果纤维素含量过高，可利用的能量就会下降，从而不能保证鸽的生长发育和生产的需要。当日粮中能量供应不足时，鸽子就会利用饲料中的蛋白质和脂肪分解产生热能，甚至动用体脂肪和体蛋白产生热能来满足生理活动的需要，这在经济上无疑是一种浪费，对鸽体的生长发育也会造成不良影响。但是，如果日粮中碳水化合物过多，会使鸽体内脂肪大量沉积而致体躯过肥，影响其繁殖性能，同时也造成了饲料资源的浪费，这对生产效益也是不利的。

（3）蛋白质　蛋白质是生命的重要物质基础，是鸽体各种组织器官和鸽蛋的重要组成成分。鸽体的肌肉、内脏、皮肤、血液、羽毛、体液、神经、激素、抗体等均是以蛋白质为主要原料构成的。鸽子的新陈代谢、繁殖后代过程中都需要大量蛋白质来满足细胞组织更新、修补的要求。因此，要使鸽子生长发育好、生产性能高，必须在日粮中提供足够数量和良好质量的蛋白质。

如饲料日粮中的蛋白质比较适宜，鸽子生长、发育、产蛋、孵后代等生命活动就能正常进行，同时经济上也比较合算。蛋白质过量会造成浪费，同时还会引起代谢疾病而不利于鸽子的生长发育。然而，日粮中蛋白质和氨基酸供应不足，会造成鸽子生长缓慢、食欲减退、羽毛生长不良、贫血、性成熟晚、产蛋率和蛋重下降。因此，蛋白质对鸽体的生命活动十分重要。一般来说，单靠一种蛋白质饲料很难全面合理地提供所有的必需氨基酸，而几种不同的饲料按适当的比例配合在一起，各种饲料中的氨基酸便可以互相取长补短，从而达到氨基酸含量的平衡。可以说，要使鸽体每天能摄入足够数量的蛋白质和氨基酸，必须选择多种饲料原料，按科学的配方进行搭配。普通养鸽者一般采用 2~4 种谷实类籽实（占日粮 70%~80%）和 1~2 种豆类籽实（占日粮 20%~30%）进行配合，能取得较为理想的效果。

（4）矿物质　鸽体内由矿物质组成的无机盐种类很多，主要有钙、磷、钾、铁、铜、硫、锰、锌、碘、镁、硒等元素。矿物质是保证鸽体健康、骨骼和肌肉的正常生长，幼鸽发育和成鸽产蛋、哺乳的必需物质，具有调节机体渗透压、保持酸碱平衡和激活酶系统等作用，它又是骨骼、蛋壳、血红蛋白等组织的重要成分。

（5）维生素　维生素在鸽体内的物质代谢活动中起着重要作用。鸽子体内最易缺乏的维生素是维生素 A、维生素 D_3、维生素 B_1（硫胺素）、维生素 B_2（核黄素）、维生素 E 和维生素 K。添加维生素时，一般可按下列配方在配合饲料中使用。添加比例为每吨配合饲料添加维生素总量 100 克，包括维生素 A 500 万国际单位、维生素 E 12.5 克、维生素 B_1 12.5 克、维生素 B_2 15 克、维生素 B_{12} 20 克、维生素 K 35 克、烟酸 25 克、右旋泛酸钙 10 克。

2. 不同日龄鸽营养需求量

根据不同生长阶段，鸽可分为乳鸽（0~28 天）、童鸽（29~60天）、青年鸽（61~180 天）和产鸽（分为孵化期和哺育期）。每个生长阶段的营养需求量不同，表 2-1 为营养需求量推荐值。

表 2-1　不同生长阶段鸽的营养需求

生长阶段	日龄/天	代谢能/（兆焦/千克）	粗蛋白/%	钙/%	总磷/%	粗脂肪/%	赖氨酸/%	蛋氨酸/%	粗纤维/%	粗灰分/%	食盐/%
乳鸽	0~7	16.5	31.5	0.8~1.3	0.45~0.6	3	0.96	0.35	4	9.5	0.3~0.5
	8~17	12.5	18.3	0.8~1.3	0.45~0.6	3	1.12	0.35	4	9.5	0.3~0.5
	18~28	12.1	15.2	1.2~1.3	0.45~0.6	3	0.9	0.38	4	9.5	0.3~0.5
童鸽	29~60	11.7	14.5	0.8~1.3	0.45~0.6	3.5	0.76	0.35	4	9.5	0.3~0.5

续表

生长阶段	日龄/天	代谢能/（兆焦/千克）	粗蛋白/%	钙/%	总磷/%	粗脂肪/%	赖氨酸/%	蛋氨酸/%	粗纤维/%	粗灰分/%	食盐/%
青年鸽	61~150	11.2	11.6	0.8~1.3	0.45~0.6	3.5	0.71	0.35	4	9.5	0.3~0.5
	151~180	11.4	14	1.2~1.3	0.45~0.6	3.5	0.65	0.38	4	9.5	0.3~0.5
产鸽	孵化期	11.5	14.5	1.2~1.5	0.45~0.6	3.5	0.66	0.35	4	9.5	0.4~0.5
	哺育期	11.7	15.6	1.2~1.5	0.45~0.6	3.5	0.88	0.35	4	9.5	0.4~0.5

二、常规饲料原料种类与选择

鸽不论是野生还是家养，都吃植物性饲料。通常其主要饲料是没有经过加工的植物籽实，如玉米、麦子、谷物、豆类等（常用籽实类饲料营养成分见表 2-2）。鸽没有吃熟食的习惯，很少采食动物性饲料，但随着现代养鸽业的发展，节约化、自动化程度的提高，一些养鸽场也利用鱼粉等动物性饲料配制全价配合饲料，进行雏鸽灌喂，可收到较好的效果。有人试验，把各种饲料按照营养比例配合加工成颗粒饲料用来喂鸽，生长发育和繁殖等均正常，但也存在一些问题，如怎样解决颗粒饲料的硬度，使其能如颗粒籽实类饲料一样，符合鸽的消化生理需要等。

表 2-2 鸽常用籽实类饲料营养成分表

饲料种类	代谢能/（兆焦/千克）	粗蛋白/%	脂肪/%	纤维素/%	蛋氨酸/%	赖氨酸/%	色氨酸/%	胱氨酸/%	钙/%	磷/%
玉米	13.02	8.10	3.70	2.21	0.14	0.35	0.15	0.12	0.04	0.26
高粱	12.62	9.41	2.93	2.48	0.17	0.35	0.12	0.21	0.03	0.28
小麦	13.45	14.52	1.83	2.74	0.18	0.31	0.14	0.25	0.08	0.34
稻谷	8.21	5.87	1.16	11.24	0.14	0.23	0.12	0.08	0.04	0.25
糙米	13.11	8.02	1.22	0.85	0.15	0.23	0.14	0.10	0.01	0.20
豌豆	10.12	20.87	1.21	5.24	0.17	1.58	0.17	0.12	0.11	0.41
绿豆	11.24	22.68	1.23	3.85	0.38	2.34	0.41	0.58	0.23	0.36

续表

饲料种类	代谢能 /（兆焦 / 千克）	粗蛋白 /%	脂肪 /%	纤维素 /%	蛋氨酸 /%	赖氨酸 /%	色氨酸 /%	胱氨酸 /%	钙 /%	磷 /%
蚕豆	9.42	25.61	1.38	7.94	0.19	1.65	0.22	0.27	0.14	0.46
黑豆	12.90	33.28	15.89	6.12	0.32	2.10	0.38	0.51	0.22	0.43
黄豆	11.85	34.87	17.90	5.21	0.38	2.32	0.36	0.54	0.31	0.55
火麻仁	10.85	32.38	7.45	9.60	0.41	1.21	0.44	0.33	0.18	0.24

（一）能量饲料

以干物质计，粗蛋白含量低于 20%、粗纤维含量低于 18% 的一类饲料为能量饲料。能量饲料包括谷实类饲料、糠麸类饲料、糖蜜、油脂等。

1. 谷实类饲料

鸽常用的谷实类饲料有玉米（图 2-2）、小麦（图 2-3）、稻谷、大麦、高粱（图 2-4）、燕麦等。

图 2-2 玉米

（常玲玲 摄）

图 2-3 小麦

（常玲玲 摄）

（1）玉米 可利用能值高，粗纤维含量少（仅 2% 左右），而无氮浸出物高达 72%，主要是淀粉消化率高，适口性强，且产量高、价格便宜，为肉鸽优良的饲料。但玉米蛋白质含量低、品质差、缺乏赖氨酸

图 2-4 高粱

（常玲玲 摄）

和色氨酸，钙、B 族维生素及微量元素含量低，玉米的用量可占日粮的 35%~65%。

（2）小麦 小麦的粗纤维含量与玉米相当，粗脂肪含量低于玉米，蛋白质含量高于玉米，是谷实类籽实中蛋白质含量较高者，但其必需氨基酸含量较低，尤其是赖氨酸。小麦的能值也高，仅次于玉米。B 族维生素含量多，而维生素 A、维生素 D 及维生素 C 含量极少。钙及微量元素含量低。因小麦中所含的可溶性多糖——阿糖基木聚糖能增加肉鸽消化道食糜的黏稠度，从而降低养分消化率和饲料利用率，因此小麦占日粮的比例以不超过 10% 为宜。

（3）大麦 大麦的蛋白质平均含量为 11%，氨基酸组成中赖氨酸、色氨酸高于玉米，特别是赖氨酸含量比玉米高 1 倍多。B 族维生素丰富。裸大麦的粗纤维含量为 2% 左右，与玉米差不多；皮大麦的粗纤维含量比裸大麦高 1 倍多，裸大麦的有效能值高于皮大麦，仅次于玉米。大麦中的单宁会影响适口性和蛋白质利用率。和小麦一样，大麦中含有可溶性多糖，可增加肉鸽消化道食糜的黏稠度，从而降低养分消化率和饲料利用率，因此大麦占日粮的比例以不超过 10% 为宜。

（4）粟、稻谷等 均为禽类的良好饲料。稻谷（图 2-5）的粗蛋白含量比玉米稍低；每千克含代谢能 10.7 兆焦；脂肪含量约 1.5%；蛋白质约 8.3%；粗纤维含量较高，达 8.5%；氨基酸、钙、磷和微量元素含量与玉米相近。我国南方是稻谷的主产区，稻谷去壳后为糙米（图 2-6）。糙米的代谢能、粗蛋白、蛋氨酸和赖氨酸等含量都接近玉米，仅胡萝卜素含量较低。

2. 糠麸类饲料

鸽常用的糠麸类饲料包括麸皮（图 2-7）、米糠（图 2-8）、大麦麸、玉米糠、高粱糠、谷糠等。麸皮适口性好，B族维生素、蛋白质和磷的含量较多，可以在混合料中添加5%~10%。米糠的赖氨酸含量高，粗脂肪含量也很高，而且大多为不饱和脂肪酸，极易氧化、酸败。

3. 糖蜜（图 2-9）

是制糖工业的副产品，主要成分是糖类，有效能值较高。

4. 油脂

油脂（图 2-10）总能和有效能比一般饲料高。在产蛋鸽饲料中添加 2%~5% 的油脂，尤其是添加富含不饱和脂肪酸的油脂，可以提高产蛋率，增加蛋重，在炎热夏季效果更加明显。

图 2-5　稻谷

（常玲玲　摄）

图 2-6　糙米

（常玲玲　摄）

图 2-7　麸皮

（常玲玲　摄）

图 2-8　米糠

（常玲玲　摄）

图 2-9　糖蜜

（常玲玲　摄）

图 2-10　油脂

（常玲玲　摄）

（二）蛋白质饲料

以干物质基础计，粗蛋白质含量大于或等于 20%、粗纤维含量低于 18% 的一类饲料即蛋白质饲料。蛋白质饲料是在动物饲粮中所占比例较小（30% 以下）且对畜禽主要起供蛋白作用的一类饲料原料总称，主要包括植物性蛋白质饲料（豆类籽实、饼粕、玉米蛋白粉）、动物性蛋白质饲料（鱼粉、虾蟹粉、血粉、羽毛粉）、单细胞蛋白质饲料（酵母类、单细胞藻类）及非蛋白氮饲料（尿素、双缩脲、铵盐）等。

1. 植物性蛋白质饲料

（1）豌豆　豌豆（图 2-11）为肉鸽重要的蛋白质饲料，可分为普通豌豆与野豌豆。由于其籽料大小适中，圆形，故适口性好，且在豆类籽实中价位较低，而饲养效果最好。其代谢能 11.4 兆焦 / 千克左右，粗蛋白质 22.6% 左右，粗脂肪 1.5% 左右，粗纤维 5.9%，无氮浸出物 55.1%，钙 0.13%，磷 0.39%，赖氨酸 1.61%，蛋氨酸 0.10%。豌豆可占肉鸽日粮的 20%~30%。

（2）绿豆　绿豆（图 2-12）为肉鸽蛋白质饲料原料之一。绿豆含代谢能 11. 13 兆焦 / 千克左右，粗蛋白质 23.1%，粗脂肪 1.1%，粗纤维 4.7%。由于绿豆大小适中，适口性好，肉鸽喜食，多用于夏季，有清热解毒作用。一般可占日粮的 5%~10%。

图 2-11　豌豆
（常玲玲　摄）

图 2-12　绿豆
（常玲玲　摄）

（3）蚕豆　蚕豆（图 2-13）也为肉鸽蛋白质饲料原料之一。蚕豆的营养含量与豌豆相似，含代谢能 10.79 兆焦／千克左右、粗蛋白质 24.9%、粗脂肪 1.4%、粗纤维 7.5%、无氮浸出物 50.9%、钙 0.15%、磷 0.40%、赖氨酸 1.66%、蛋氨酸 0.12%。蚕豆分为大粒与小粒，蚕豆有一层厚的

图 2-13　蚕豆
（常玲玲　摄）

种皮，所以无论大粒或小粒，均需将蚕豆破碎后再饲喂肉鸽。另外，由于饮水后蚕豆体积剧增，故喂量要严格控制，以防鸽被胀死。

（4）赤豆　又称红豆（图 2-14），为肉鸽重要的蛋白质饲料来源之一，籽粒大小适中，适口性强，鸽喜食。其含水分 14.6%（贮藏安全水分），碳水化合物 31.1%，粗蛋白质 21.4%~34.5%，粗脂肪 0.6%~16.5%，粗纤维 4.75%，粗灰分 4.6%。每 100 克赤豆中含钙 76 毫克、磷 386 毫克、铁 4.5 毫克。习惯上均在严冬季节饲喂，对鸽有保健作用。

（5）大豆粕（图 2-15）、大豆饼　是较好的植物性蛋白质饲料，营养价值高，适口性好。随着肉鸽颗粒饲料的研制成功和进一步推广，饼粕类饲料的用量将会在肉鸽养殖中加大。饲料配合应注意适当添加氨基酸类添加剂，以保持氨基酸的平衡。

图 2-14 红豆
（常玲玲 摄）

图 2-15 豆粕
（常玲玲 摄）

2. 动物性蛋白质饲料

（1）鱼粉 蛋白含量高，必需氨基酸含量丰富，钙、磷、铁、锌、硒及 B 族维生素含量高，另外鱼粉的含盐量也较高。鱼粉（图 2-16）是肉鸽比较好的蛋白质饲料，但鱼粉的价格相对较高，且含有糜烂素和容易受到沙门氏菌的污染，所以饲料中的使用量不能过高。鸽配合饲料中鱼粉的用量一般以不超过 10% 为宜。鱼粉脂肪含量较高，久贮易遭受氧化酸败，降低适口性，还可能引起鸽腹泻。因动物性饲料具有腥味，用量大易导致鸽乳和鸽肉产生腥味，影响乳鸽的食用及销售。

图 2-16 鱼粉
（常玲玲 摄）

（2）肉骨粉或肉粉 是以动物屠宰厂副产品中除去可食部分之后的骨、皮、脂肪、内脏等经高温、高压处理后磨碎而成的混合物。肉骨粉（图 2-17）和肉粉的饲用价值比

图 2-17 肉骨粉
（常玲玲 摄）

鱼粉和豆类籽实、豆粕差，且不稳定，适口性差，容易污染沙门氏菌，用量不宜过多。

（三）矿物质饲料

矿物质饲料指为动物提供所需矿物质元素的饲料。鸽常用的矿物质饲料包括石粉（图2-18）、贝壳粉（图2-19）、蛋壳粉、石膏（图2-20）、磷酸氢钙（图2-21）、氯化钠（图2-22）、磷酸钠（图2-23）等。

图2-18 石粉
（常玲玲 摄）

图2-19 贝壳粉
（常玲玲 摄）

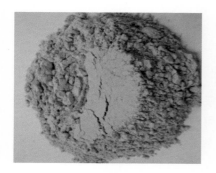

图2-20 石膏
（常玲玲 摄）

图2-21 磷酸氢钙
（常玲玲 摄）

图 2-22　氯化钠
（常玲玲　摄）

图 2-23　磷酸钠
（常玲玲　摄）

（四）添加剂

主要种类包括微量元素、维生素、氨基酸、益生素、酶制剂、防霉剂、抗氧化剂和抗球虫剂等。

1. 微量元素添加剂

微量元素营养经历了无机盐、简单有机化合物和微量元素氨基酸螯合物及缓释微量元素四个发展阶段。无机的微量元素添加剂应用范围最广泛，如硫酸盐类、碳酸盐类、氧化物、氯化物等。有机微量元素及微量元素氨基酸螯合物效果好，但是成本较高，只在特定条件下使用。缓释微量元素添加剂对微量元素采用包被等技术达到缓释效果，可提高微量元素利用率，掩盖金属味道，降低对饲料中维生素、酶制剂和脂肪的破坏作用，但成本较高。

2. 维生素添加剂

由于大多数维生素都有不稳定、易氧化或被其他物质破坏失效的特点和生产工艺上的要求，所以几乎所有的维生素添加剂都经过特殊加工处理和包装。为了满足不同使用的要求，在剂型上有粉剂、油剂、水溶性制剂等。在各种维生素添加剂中，氯化胆碱、维生素 A 及烟酸的使用量所占的比例最大。以玉米豆粕为主的饲粮中，通常需要添加维生素 A、维生素 D_3、维生素 E、维生素 K、维生素 B_1、维生素 B_2、烟酸、泛酸、氯化胆碱及维生素 B_{12}。对于不同用途的鸽种，添加量及品种不同，基础日粮中维生素作为安全用量。

3. 氨基酸添加剂

在饲料中可使用的工厂化生产氨基酸为赖氨酸、蛋氨酸、色氨酸、苏氨酸。以玉米豆粕为主的日粮需要添加蛋氨酸 0.05%~0.20%、赖氨酸 0.05%~0.30%、色氨酸 0.02%~0.06%。

三、功能性添加剂种类与选择

随着绿色农产品及可循环生态农业的发展，畜牧业用药越来越严格，饲料无抗成为畜牧业发展的必然趋势。饲料无抗解决方案包括三个要素："菌群平衡，结构完整，免疫健全"。发展多功能、多类别且安全、营养、无毒、无残留的功能性饲料添加剂替代抗生素成为未来健康养殖和社会发展的必然需求。功能性饲料添加剂是一类具有动物保健功能的饲料添加剂，具有改善机体亚健康、提高免疫力和抗应激能力、降低发病率等作用。功能性饲料添加剂可直接从动植物中提取，也可利用化学方法合成，或是利用基因手段、微生物发酵和酶解作用制备。

鸽用功能性饲料添加剂按产品属性大致可分为饲用酶制剂类、酸化剂、植物提取物（中草药制剂）、微生态制剂等。

（一）酸化剂

酸化剂是一种能改善动物胃肠道环境，且无残留、无污染的新型饲料添加剂，可改善饲料适口性，经深入研究发现在促进消化酶分泌、抑制有害菌生长、提高饲料利用率等方面显露功效，受到人们广泛关注。酸化剂最先应用于猪生产中，早在 20 世纪 90 年代，日粮酸化在仔猪日粮中应用以促进仔猪生长的报道在国内外陆续出现，仔猪日粮酸化在营养学上的效果得到验证。经过几十年探索和研究，酸化剂得到广泛的应用和推广，陆续应用在家禽、水产等养殖业中。

1. 酸化剂分类

目前，我国农业部公告 2045 号《饲料添加剂目录（2013 年）》中规定的酸化剂有 12 大类，主要包括磷酸等无机酸和乳酸、富马酸、苯甲酸、柠檬酸及盐类等。目前市面上的酸化剂产品主要分为单一酸和复合酸，其中应用较为广泛、效果较为明显的为复合酸。

（1）无机酸化剂　　无机酸化剂主要为盐酸、硫酸和磷酸。盐酸和硫酸是强酸，具有较强的腐蚀性，作为酸化剂在饲料中添加虽然成本低，但会影响饲料适口性，且动物食用后，酸性释放过快，容易灼伤胃壁；磷酸是弱酸，酸性温和，既可作为酸化剂，又可为动物机体提供磷元素，因此生产上使用的无机酸化剂以磷酸为主。

（2）有机酸化剂　　有机酸的主要种类有柠檬酸、延胡索酸（富马酸）、甲酸、乙酸、丙酸、丁酸、乳酸、苹果酸、酒石酸、山梨酸等，按酸化剂成分可分为单一型有机酸和组合型有机酸。单一型有机酸只含一种有机酸，比如延胡索酸能够提高被吸收养分的利用率、改善畜禽代谢功能、促进机体对矿物质的吸收和储存、提高畜禽机体消化酶活性、改善胃肠道环境、抑制有害菌生长繁殖等。组合型有机酸是两种和两种以上的有机酸按比例组合在一起，各种酸协同作用，具有更加广泛的抑菌和调菌区系。有机酸化剂的效果较好，但是成本较高。

（3）复合酸化剂　　复合酸化剂是将无机酸和有机酸、酸和盐类配合使用的酸化剂，各种成分协同作用，能有效克服单一酸化剂的不足，扩大酸化剂的酸度阈值和抑菌系区，同时复合酸化剂酸性相对稳定，不会造成动物胃肠道酸度时高时低的不良情况。复合酸化剂既能保证酸化剂使用效果，又能降低酸化剂使用成本，是目前市场上最常见的酸化剂。

2.酸化剂的主要功能

（1）降低胃内 pH，增加消化酶活性　　动物机体消化道中有各种各样的酶，一般来说，不同的酶适宜的 pH 环境不同，大部分酶适宜的 pH 环境都接近中性，但有些酶只在极酸环境下才会被激活，如胃蛋白酶适宜 pH 为 2.0~3.5，活性随 pH 升高而降低，pH 升高至 6.0时，胃蛋白酶失活。酸化剂能有效降低胃内 pH，提高消化道内各种酶的活性。

（2）改善胃肠道环境，抑制有害菌生长　　动物体胃肠道中有益菌的生长大多需要酸性环境，如乳酸菌生长适宜 pH 为 5.4~6.4，而有害菌生长适宜 pH 大多在 6 以上，如大肠杆菌，其适宜生长 pH 为

6.0~8.0。酸化剂在胃肠道环境中，为有益菌生长提供良好的环境，同时抑制有害菌生长。

（3）参与代谢循环，为机体提供能量 某些有机酸能参与机体代谢反应，比如柠檬酸、延胡索酸，参与机体的三羧酸循环，为机体提供能量。有报道称，日粮中添加柠檬酸可提高异柠檬酸脱氢酶活性，对ATP（腺嘌呤核苷三磷酸）的形成和生物总量的积累有积极影响，能促进机体新陈代谢、增强机体对能量和氨基酸的利用率。

（4）增加机体抗应激能力，提高免疫性能 延胡索酸常作为禽类抗热应激饲料添加剂使用，通过调节动物机体酸碱平衡，预防因热应激而引起的血液 pH 升高，同时能使机体神经中枢受到一定程度的抑制，减少机体活动，从而减少产热；禽类运输中使用延胡索酸，可缓解禽类情绪，降低禽类机体紧张感，一定程度上可作为禽类镇静剂使用。

（5）提高日粮稳定性，防止日粮霉变 酸化剂的重要作用机理之一是降低日粮 pH 和系酸力，提高日粮缓冲力。适量添加酸化剂，能提高日粮稳定性，防止日粮被霉菌毒素污染。延胡索酸通过稳定维生素，维持饲料稳定性；山梨酸参与人体新陈代谢，是一种天然防腐剂，饲料中添加山梨酸，可有效防止饲料霉变。

（二）植物提取物

植物提取物是指从植物中提取，活性成分明确、可测定、含量稳定，对动物和人类没有任何毒副作用，并已通过动物试验证明可改善动物生产性能和产品品质的一类饲料添加剂的统称。植物提取物富含生物碱、多酚、黄酮、多糖、皂苷和挥发油等成分，这些活性成分多是植物生长发育过程中的次生性代谢产物，也是作为饲料添加剂发挥作用的基础。目前，该类产品在我国农业部公告 2045 号《饲料添加剂目录（2013 年）》中规定共 115 种。天然植物提取物目前在养殖终端已经被广泛应用于预防和治疗畜禽疾病，并取得了良好效果。

1. 常见植物提取物来源、活性成分及功能

植物中含有丰富的次级代谢产物，主要包括生物碱、黄酮类、多糖、皂苷、多酚、挥发油等多种类型，具有抗菌、抑菌、抗氧化调节机

体免疫等功能。植物种类不同，其次生代谢产物不同，发挥的生物学功能也不同（表2-3）。

表2-3　常见植物提取物来源、活性成分及功能

植物提取物来源	活性成分	功能
黑沙蒿	黄酮类、有机酸	促生长、改善肉品质
胡芦巴	半乳甘露聚糖、黄酮、皂苷、生物碱、4-羟基异亮氨酸	抗氧化、降血脂
假蒟	生物碱、黄酮	抗氧化
黄芪	三萜皂苷、黄酮、多糖	促生长、抗氧化、提高免疫力
艾蒿	挥发油、黄酮、桉叶烷、三萜	抗菌、抗病毒、抗氧化、抗疟疾
博落回	生物碱	促生长、抗菌、消炎、抗肿瘤、驱虫
沉香叶	多糖、黄酮、皂苷、多酚	抗氧化、降血糖、降血脂、抗炎、抗肿瘤
姜黄	姜黄素、姜黄酮、姜黄烯、水芹烯	抗菌、抗炎、抗氧化、抗肿瘤
迷迭香	鼠尾草酸、鼠尾草酚、迷迭香酚、迷迭香酸	抗氧化
苜蓿	多糖	抗氧化
女贞子	有机酸、多糖、氨基酸、挥发油	抗氧化
海枣	多糖、挥发油	抗氧化
桑叶	多糖、黄酮	抗氧化
杜仲叶	绿原酸、黄酮类、鞣质、多糖、氨基酸	抗菌、抗病毒、抗氧化
黄秋葵	氨基酸、维生素、矿物质元素、多糖、黄酮	抗疲劳、抗氧化、抗癌
紫甘蓝	黄酮、维生素	抗氧化、抗突变、抗增生、抗肿瘤
沙棘	维生素、类胡萝卜素、黄酮	抗氧化
银杏叶	黄酮、生物碱、多糖、氨基酸和维生素	促生长、抗氧化

2. 植物提取物的主要功能

（1）富含抗氧化、抗菌和抗病毒物质，可增强免疫机能　植物提取物作为饲料添加剂，其中的抗氧化物质可与畜禽细胞表面的受体结合，通过信号转导通路调控转录和翻译水平，提高抗氧化酶的合成，

增强机体抗氧化能力。此外，植物提取物中的活性成分相互作用也影响植物提取物的抗氧化能力。植物提取物的活性成分可促进免疫器官的发育，提高免疫球蛋白、细胞因子和组织胺等的分泌，从而增强机体免疫力。

（2）改善肠道内环境，维持肠道健康　植物提取物中的活性成分维持肠道健康主要体现在以下方面：一是抗菌，植物提取物可提高肠道屏障的防御功能，同时较强的抗菌活性可维持肠道健康；二是影响肠道发育，植物提取物中的活性成分可通过肠道细胞的增殖分化及相关基因的表达来影响肠道的发育和黏膜的形态；三是消化生理，植物提取物中的活性成分促进肠道消化酶的分泌，增强消化机能；四是免疫功能，植物提取物中的活性成分可调节肠道免疫，增强免疫力；五是代谢废物，植物提取物可降低消化道和粪便中有害物质的含量，改善肠道环境，维持肠道健康。

（3）刺激动物食欲，提高采食量和饲料消化利用率　植物提取物含有多种活性成分，可通过改善饲料的适口性来增加畜禽的采食量；可通过促进肠道内源酶的分泌提高消化性能，进而提高饲料转化率，提高生长性能。博落回生物碱可抑制胆碱酯酶活性，刺激唾液分泌，提高禽类的平均日采食量和平均日增重，提高生长性能。黑沙蒿提取物具有中草药芳香味，可改善饲粮的适口性，促进禽类生长。

（4）改善肉、蛋品质和风味　植物提取物中含有生物碱、皂苷、挥发油、单宁和多糖等多种活性成分，在畜禽营养调控以及改善畜禽肉品质方面有着良好的作用。植物提取物中的抗氧化物质可提高机体的抗氧化能力，抗氧化物质通过与肌肉细胞膜结合，阻止细胞膜表面脂质的氧化，降低细胞膜的损害，维持细胞膜的完整性，从而防止肌肉 pH 下降，减少滴水损失，提高肉色及肉品质。

3. 植物提取物在肉鸽产业中的应用

【案例一】中草药添加剂对乳鸽生长性能、屠宰性能和血液生化指标的影响（摘自《中国饲料》2014 年第 17 期）

中草药添加剂主要成分为冰片、柴胡、黄芪、姜半夏、蟾酥、党参、金银花、甘草、板蓝根及连翘。试验选用同一天孵化并出雏的种鸽72对,随机分为3组(对照组、抗生素组、中草药组)。结果表明:中草药添加剂在提高乳鸽生长性能和屠宰性能的同时,对乳鸽内脏器官生长发育和体尺具有一定的促进作用,且效果优于抗生素。

【案例二】海滨锦葵提取物对产鸽和乳鸽生产性能的影响(摘自《中国家禽》2019年第18期)

选取100对卡奴鸽,随机分成5组,分别在基础日粮中添加0、25毫克/千克、50毫克/千克、100毫克/千克和200毫克/千克海滨锦葵提取物,第1组为对照组,第2~5组为试验组。试验期为150天,测定生产鸽和乳鸽的生产性能。结果表明:海滨锦葵提取物有促进乳鸽免疫器官发育、提高产鸽生产性能的作用,以50~100毫克/千克的添加量为宜。

(三)抗菌肽

抗菌肽是指生物体内经诱导而产生的一类具有抗菌活性的碱性多肽物质,分子量为2000~7000,由20~60个氨基酸残基组成,具有抗真菌、细菌等多种生物学活性的小分子多肽的统称。这类活性多肽多数由于具有强碱性、热稳定性及广谱抗菌、部分抗寄生虫、不易产生耐药性等特点被广泛应用于生命科学、医学和兽医学等领域。随着抗生素的广泛、大量使用,细菌耐药性问题日益严重,同时食品安全问题逐渐突出,因此,抗菌肽以其不易产生耐药性且具有广泛抗菌活性而被称为"天然超级抗生素",被广泛应用于畜禽生产中。

1.抗菌肽的分类

抗菌肽种类繁多,分类方法也有多种方式。①根据抗菌肽来源分为:植物抗菌肽,如硫素等;昆虫抗菌肽,如天蚕素等;两栖动物抗菌肽,如铃蟾肽等;水产动物抗菌肽,如鱼类抗菌肽等;哺乳动物抗菌肽,如防御素等;禽类抗菌肽,如β-防御素类;原索动物抗菌肽,如Styelins、Clavanins、Halocidin等;细菌素,如杆菌肽等。②根据所带静电荷分为阳离子抗菌肽和阴离子抗菌肽。③根据作用功能不同分为抗细菌肽、抗真菌肽、抗细菌兼抗真菌肽等。④按氨基酸组成和结构特征分为天蚕素、防御素、蛙皮素、蜂毒素。⑤根据抗菌肽结构和三维构象的不同分为：具有 α− 螺旋结构的抗菌肽，如天蚕素等；具有 β−折叠结构的抗菌肽，如昆虫防御素等。⑥根据氨基酸残基特点分为：不含半胱氨酸的线形抗菌肽，如天蚕素等；具有半胱氨酸的环型抗菌肽，如防御素等；富含脯氨酸的抗菌肽，如意大利蜜蜂素等；富含甘氨酸的抗菌肽，如蚕蛾素等。

2. 抗菌肽的主要功能

（1）抗菌活性　畜禽细菌病是危害畜禽业的重要因素，如猪大肠杆菌病、鸡沙门氏菌病、牛羊巴氏杆菌病、肉毒梭菌病等。畜禽细菌病具有一定的传染性，不易防控，治疗难度大，对养殖业造成巨大经济损失。抗菌肽具有较好的抗菌活性，且抗菌谱较广，不易产生耐药性，市场前景好。

（2）抗病毒活性　目前对病毒病的治疗采用抗病毒药物和辅助治疗，而临床上抗病毒药物较少，兽用抗病毒药物更少，而兽医临床中病毒性疾病种类繁多，如传染性胃肠炎、轮状病毒病等，防治困难，难以根除，因此，抗病毒药物的开发迫在眉睫。有研究发现，抗菌肽具有明显的抗病毒作用。抗菌肽可能通过多种机制发挥抗病毒作用，如与病毒的包膜相结合、抑制病毒的繁殖或者干扰病毒的组装合成。

（3）抗寄生虫活性　寄生虫病是兽医临床中重要的传染病之一，不仅危害动物健康，还危害人类公共卫生，严重影响养殖业发展。如鸡球虫病发病率高达 50%~70%，死亡率 20%~30%。研究发现，抗菌肽对疟原虫、锥虫、利什曼原虫、蠕虫等均有一定的抑制作用。抗菌肽通过破坏寄生虫的细胞膜、干扰细胞的正常代谢达到抗寄生虫的目的。

（四）微生态制剂

微生态制剂是建立在微生态学理论基础上，利用对宿主有益、无毒副作用、绿色无残留的活性微生物及其促生长物质，经发酵、干燥及加工等特殊工艺制备而成的生物制剂或活菌制剂。

1. 微生态制剂分类

（1）益生素　益生素指进入机体胃肠道后能够定植于黏膜上皮的一类微生物菌群及其代谢产物，通过菌群的数量优势或抑菌特性，达到调节宿主胃肠道微生态平衡的效果，从而提高畜禽的健康水平和健康状态。目前，主要应用于家禽饲料中的益生素有嗜酸乳杆菌、双歧杆菌、链球菌、枯草芽孢杆菌、地衣芽孢杆菌、啤酒酵母和产朊假丝酵母等。

（2）益生元　益生元是一类不被宿主消化吸收，且能选择性促进一种或少数几种肠道有益菌生长繁殖的食品成分。常见的益生元包括功能性低聚糖、多糖、植物提取物、蛋白水解物等，其中低聚糖类物质应用研究较多，如甘露寡糖、乳糖、半乳糖等。

（3）合生元　合生元常指益生菌和益生元的复合制剂，有的或额外添加维生素和微量元素。合生元更加注重益生菌与特异性益生元之间的协作效应，由益生元提供底物，促进益生菌在肠道内快速生长定植成为优势菌。合生元既有益生菌的生物学活性，又能选择性地提高有益菌的数量与活力，更能发挥微生态制剂的作用效果。

2. 微生态制剂主要功能

（1）调节动物肠道菌群平衡　补饲一定的微生态制剂，能够提高优势菌群数量，调节肠道菌群生态失衡，并且其进入肠道后会消耗氧气形成低氧环境，抑制有害需氧型和兼性厌氧菌的生长繁殖甚至杀灭病原微生物，达到防病治病的目的。微生态制剂中的有益菌与肠道中病原微生物发生定植营养与位点的竞争，这些有益菌则会黏附到肠道上皮，形成一道防御屏障，阻挡有害菌的入侵。有益菌在肠道内产生有乙酸、丙酸、乳酸、过氧化氢等代谢产物，降低肠道内的 pH，抑制中性或碱性有害菌的生长与繁殖，有利于机体肠道正常菌群分布恢复平衡。

（2）产生有益物质和酶类，提高营养物质的消化吸收　有益微生物进入机体后会产生维生素、氨基酸、乳酸、未知促生长因子等营养物质，这些代谢物除了提供营养素外，还能增强肠道对蛋白质、钙、镁和维生素 D 等物质的吸收；另一方面，有益菌在生长繁殖过程中还会产生蛋白酶、脂肪酶、淀粉酶、水解酶、发酵酶、呼吸酶等，有利于饲料中脂肪、蛋白质以及复杂碳水化合物的降解，从而使得营养物质更有效地被机体吸收利用；再者，饲用微生态制剂所产生的代谢产物可中和致病菌产生的肠毒素，减轻其损伤胃肠道，某些益生菌还可产生氨基酸氧化酶及分解硫化物的酶类，能够降降低不良代谢物的浓度，改善环境卫生。

（3）刺激动物免疫功能，提高免疫力 微生态制剂中的活菌进入机体后，促进动物机体免疫器官成熟，提高动物 T 淋巴细胞、B 淋巴细胞、巨噬细胞以及自然杀伤性细胞活力的活性，刺激机体产生干扰素、白细胞介素等活性因子，激发机体的细胞免疫和体液免疫，提高抗体水平和免疫球蛋白含量，增强动物机体免疫力。同时，微生态制剂还可调节肠道细胞的黏附力来保障动物机体健康，提高动物机体的免疫能力。研究发现微生态制剂也可与肠道病原菌竞争营养物质，抑制细菌产生毒素等自身活动来刺激动物肠道，促进免疫调节，增强机体免疫机能。

3. 微生态制剂在肉鸽产业中的应用

【案例一】微生态制剂对肉鸽生产性能、血清生化指标、免疫机能及肉品质的影响（摘自《广西畜牧兽医》2020 年第 2 期）

复合益生活菌粉的主要成分为乳酸菌、产朊假丝酵母菌、枯草芽孢杆菌、放线菌、双歧杆菌；活力 99 生酵剂的主要成分为乳酸菌、产软假丝酵母菌、枯草芽孢杆菌和沼泽红假单胞菌；EM 菌原粉的主要成分为双歧杆菌、光合细菌、酵母菌、放线菌、乳酸菌和枯草芽孢杆菌。选择 720 日龄美国王鸽 480 对，随机分成 4 组：基础日粮 CK 组、添加 0.5% 复合益生活菌粉 I 组、添加 0.5% 活力 99 生酵剂 II 组、添加 0.5%EM 菌原粉 III 组。预试期 7 天，试验期 100 天。结果表明：添加 0.5% 复合益生活菌粉、0.5% 活力 99 生酵剂可以提高肉鸽生产性能，机体免疫能力也有所提高。

【案例二】枯草芽孢杆菌对乳鸽生长性能、小肠形态和结直肠菌群的影响（摘自《江苏农业科学》2015 年第 6 期）

选取 1080 羽 60 周龄的成年美国白羽王鸽（雌雄各半，共 540 对），随机分成 4 组，分别饲喂含 0、200 毫克/千克、400 毫克/千克、600 毫克/千克枯草芽孢杆菌的基础饲粮，试验期为28 天。结果表明：饲料中添加枯草芽孢杆菌能有效促进小肠绒毛发育，提高对营养物质消化吸收的能力，并显著降低结直肠内容物中大肠杆菌数量和提高乳酸杆菌的数量，因而能够有效维持乳鸽的肠道健康。

【案例三】复合益生菌对肉鸽生长性能和免疫机能的影响（摘自《中国畜牧兽医》2017 年第 9 期）

选取 72 对种鸽和 144 只 1 日龄乳鸽，乳鸽称量初始体重后随机分成 4 个试验组。各组饲喂相同基础日粮，对照组补饲保健砂，Ⅰ组补饲保健砂 + 复合菌Ⅰ（6×10^7CFU/g 嗜酸乳杆菌 +6×10^7CFU/g 乳双歧杆菌），Ⅱ组补饲保健砂 + 复合菌Ⅱ（6×10^7CFU/g 乳双歧杆菌 +6×10^7CFU/g 粪肠球菌），Ⅲ组补饲保健砂 + 复合菌Ⅲ（6×10^7CFU/g 嗜酸乳杆菌 +6×10^7CFU/g 粪肠球菌）。试验期 56 天。结果显示，保健砂中添加复合益生菌可提高肉鸽的生长性能、免疫器官指数，并一定程度上能提高肉鸽的免疫力，其中乳双歧杆菌和粪肠球菌组效果最好。

【案例四】黄芪多糖对鸽新城疫母源抗体及日增重的影响（摘自《特种经动物研究》2019 年第 22 期）

将白羽王种鸽 600 对平均分为 3 组，每组 200 对，Ⅰ组在饮水中只均添加 APS 3 毫克/天，Ⅱ组只均添加 APS 5 毫克/天，对照组不添加 APS，连续饮水 5 天，间隔 10 天后再次进行同样处理。在试验第1、5、10、15、20、25 天测定鸽新城疫 HI 抗体和日增重。结果表明：各阶段鸽新城疫 HI 抗体和日增重均为Ⅱ组 >Ⅰ组 > 对照组，其中Ⅱ组显著或极显著高于对照组。说明饮水中添加 APS 可以提高鸽新城疫 HI 抗体水平、日增重、整齐度，进而提高鸽出栏率，以 5 毫克/天为最佳添加量。

（五）酶制剂

酶制剂是一类以酶为主要因子的饲料添加剂，因其多来源于生物提取或微生物发酵，且其自身组成为蛋白质，最终降解产物为氨基酸，无残留、无毒害，在畜禽养殖和饲料工业中得到广泛应用。

1. 酶制剂的分类

目前，我国农业部公告 2045 号《饲料添加剂目录（2013 年）》中规定允许在饲料中使用的酶制剂共 13 大类，按照功能特点不同可以分为消化性酶和非消化性酶。消化酶类家禽自身可以分泌，主要是消化饲料中的碳水化合物、蛋白质、脂肪等养分，帮助家禽提高饲料的消化率。目前，饲料中应用的消化酶主要包括淀粉酶、蛋白酶、脂肪酶等，用于补充家禽早期生长、发生应激时等特殊情况下内源消化酶分泌的不足。非消化酶类动物自身不能分泌，需要人为补充，主要是降解家禽消化率低、有抗营养作用或对家禽有害的成分，以改善消化道的理化特性，为消化酶类的作用提供一个高效的作用环境。非消化酶类主要包括木聚糖酶、β- 葡聚糖酶、纤维素酶、植酸酶、甘露聚糖酶等。

2. 酶制剂的主要功能

（1）破坏植物细胞壁，消除抗营养因子　家禽以植物性饲料为主，包括玉米、小麦、豆粕、棉粕等，在这些植物细胞壁内的许多可消化营养物质，由于不能充分与消化酶接触而不能被消化吸收。复合酶制剂含有家禽不能分泌的纤维素酶、果胶酶、β- 葡聚糖酶等，它们能降解家禽不能消化的植物细胞壁，释放细胞壁内的营养物质，使之与消化酶充分混合被家禽所消化吸收。

（2）补充内源酶的不足，提高养分消化率　家禽在幼年阶段，由于消化器官不发达，消化酶的分泌与消化机能不完善，消化酶分泌不足可限制幼年动物生长发育。添加外源消化酶可有效补充内源酶的不足，提高幼龄家禽对饲料养分的利用率，避免消化不良引起的营养性下痢等疾病、生长速度和饲料转化率下降等问题的发生。

（3）改变肠壁结构，降低肠道食糜黏度，提高养分吸收能力　日粮中添加适宜的外源酶制剂可使胃肠道内环境发生变化，使肠壁变薄并减少肠道微生物的数量，提高对养分的吸收利用。此外，食糜黏度是影响家禽对营养物质消化吸收的重要因素，黏度的提高可降低养分特别是脂肪的消化利用率。

（4）增强机体代谢，提高动物免疫力　酶制剂能够促进家禽免疫力的提高，添加酶制剂显著提高了淋巴细胞的转化率。添加酶制剂还能使某些物质的消化场所由盲肠转移到小肠，提高其消化率。此外，外源添加酶还有助于改善消化道内环境，如减少肠黏膜细胞的脱落，减少维持需要，平衡内源酶的分泌等。

第二节　饲料原料的质量控制

原料是饲料生产的基础，原料品质的优劣与稳定直接关系到饲料产品的质量，因此，加强原料的质量控制，防止原料质量不合格及霉变、污染等，是保证高质量饲料产品的前提。

一、原料的检测

（一）感官检测

感官检测是现场品控最直观的方法，是饲料原料进入企业的第一步质量检测程序，具有简便易操作性和快速反应性，但同时也要求现场品控人员具有很好的专业性和责任心，这样才尽可能地提高成功辨别原料质量的概率。

1. 感官检测方法

感官检测主要以五官来观察原料的颜色、形状、均匀度、气味、质感等。

（1）视觉　观察饲料的形状、色泽，有无霉变、虫子、结块、掺杂物等（图2-24）。比如不同产地大豆制备的豆粕颜色存在差异；又如麸皮中如混有稻壳，经仔细辨别就可以发现细长的稻壳皮；再如通过观察玉米的饱满度、不完善粒和霉变粒以及焦粒数量来进行玉米质量的初步定性辨别。

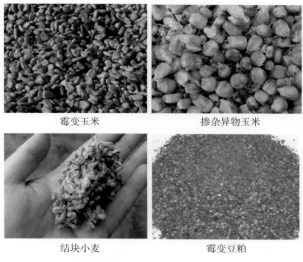

霉变玉米　　　　　　　　掺杂异物玉米

结块小麦　　　　　　　　霉变豆粕

图 2-24　饲料原料质量视觉检测

（常玲玲　摄）

（2）味觉　通过舌舔和牙咬来检查味道，但注意不要误尝对人体有毒、有害的物质。比如通过齿碎法来鉴定玉米的质量，当玉米水分较低时，经齿咬有震牙的感觉并有清脆的声音；当水分过高时，就没有震牙的感觉，极易破碎玉米；又如用嘴尝油脂，变质的油脂带有酸、苦、辛辣等滋味或焦苦味，而优质的油脂则没有异味。

（3）嗅觉　通过嗅觉来鉴别具有特征气味的饲料，核查有无霉味、腐臭、氨味、焦味等。比如正常新鲜的鱼粉具有鱼香味而劣质鱼粉具有刺鼻的腥味、辣味或焦味；又如发生氧化变质的米糠常表现出酸败味。

（4）触觉　取样于手中用手指捻，通过感触来觉察其硬度、滑腻感、有无杂质及水分等。比如通过手握紧再松开来感触原料与手粘连情况来辨别米糠水分含量是否异常。通常高水分的米糠会与皮肤粘结，表现出扎堆不易散开；又如通过手指研磨手掌中的麸皮，如掺有稻壳等异物就会产生刺手的感觉。

图 2-25　显微镜检测

（常玲玲　摄）

（5）筛 分　使用 8 目、12 目、20 目、40 目的分析筛来测定有无异物。

（6）放大镜　使用放大镜或显微镜来鉴别，内容同视觉观察内容（图 2-25）。

2. 原料感官质量要求

（1）外观　是否与以前同种原料的外观一致，或是否与原料的特定标准所描述的外观相符。

（2）污染　应无异物和污染痕迹，但一些不可避免的杂物不在此列（如谷物中出现少量的草籽）。

（3）加工籽实　应无杀虫剂处理的痕迹。

（4）状态　手感凉爽，流动自由。

（5）气味　为该原料典型的气味，无污染物气味以及腐败、焦糊以及其他可能影响最后制成产品的一切不良气味。

（6）虫害　原料应无虫类污染。

（7）标准　袋装原料应标有原料名称、规格、出厂日期、地点以及厂名等。

（二）实验室检测

对于现代大型企业而言，选用的饲料原料种类多、来源复杂，为此需要通过实验室理化指标检测来量化原料质量的好坏。倘若对原料进行大规模的实验室检测分析必将是笔不小的开支，因此原料的实验室检测应在现场品控的基础上有根据地选择一些必须检测的项目来进行分析。

1. 实验室检测内容

实验室检测原料的常规理化指标包括水分、蛋白质、粗脂肪、灰分、钙和磷等。主要检测仪器有饲料水分检测仪（图 2-26）、饲料蛋白测定仪（图 2-27）和饲料脂肪测定仪（图 2-28）。而对于一些特殊的原料有时还会检测氨基酸、小肽、脂肪酸和黄曲霉毒素等非常规指标。

饲料原料的水分含量影响着有效营养成分水平和贮存，而在实际生产中水分的检测也简便易行，因此水分是饲料原料的常检测项目之一。饲料原料的营养价值由其营养元素的功效和含量而定，设定合理的实验室理化指标检测项目对评价饲料原料的价格和采购价廉物美的饲料原料具有重要的现实意义。

图 2-26 饲料水分检测仪

（常玲玲 摄）

图 2-27 饲料蛋白测定仪

（常玲玲 摄）

在实际生产中，饲料企业常根据原料种类和用途的不同而设定一些必检的实验室检测项目作为购买原料的标准。对蛋白质类饲料原料而言，常检测的项目包括蛋白质和非蛋白氮等，必要时还可检测氨基酸的组成和含量以及蛋白质消化率。对谷物类能量饲料原料而言，常检测的项目包括总能和粗纤维等，必要时还可检测可溶性淀粉含量。对油脂类饲料原料而言，常检测的项目包括酸价、碘价和皂化

图 2-28 饲料脂肪测定仪

（常玲玲 摄）

价等，必要时还可检测脂肪酸的组成和含量。对矿物质饲料原料而言，常检测的项目包括灰分和矿物元素含量，必要时还可检测重金属元素

含量。

视频 2-1~ 视频 2-3 分别为常规实验室、精密仪器室和留样室功能区。

视频 2-1	视频 2-2	视频 2-3
扫码观看：常规实验室	扫码观看：精密仪器室	扫码观看：留样室功能区

2. 几种常见原料实验室检测项目（表 2-4）

表 2-4　各种原料重要控制项目

原料	水分	粗蛋白	粗脂肪	粗纤维	粗灰分	钙	磷	其他项目
玉米	☆	☆	☆					杂质、容重、霉变、毒素
小麦	☆	☆						杂质、容重、霉变
高粱	☆	☆						杂质、容重、霉变
豌豆	☆	☆			☆			杂质、容重、霉变
蚕豆	☆	☆			☆			杂质、容重、霉变
豆粕	☆	☆			☆			KOH 溶解度、脲酶活性
棉粕	☆	☆		☆	☆			毒素、KOH 溶解度
菜粕	☆	☆		☆	☆			毒素、KOH 溶解度
花生粕	☆	☆			☆			毒素
胚芽粕	☆	☆		☆	☆			毒素
棕榈粕	☆	☆		☆	☆			
椰子粕	☆	☆		☆	☆			
米糠粕	☆	☆		☆	☆			
柠檬酸渣	☆	☆	☆		☆			
蛋白粉	☆	☆	☆	☆	☆			色素含量、氨基酸组成

续表

原料	水分	粗蛋白	粗脂肪	粗纤维	粗灰分	钙	磷	其他项目
鱼粉	☆	☆	☆		☆	☆	☆	新鲜度、氨基酸组成、卫生指标
肉粉	☆	☆	☆		☆	☆	☆	新鲜度、氨基酸组成、卫生指标
肉骨粉	☆	☆	☆		☆	☆	☆	新鲜度、氨基酸组成、卫生指标
血粉	☆	☆			☆			新鲜度、氨基酸组成、卫生指标
羽毛粉	☆	☆			☆			
虾壳粉	☆	☆		☆	☆	☆	☆	
石粉					☆			卫生指标
磷酸氢钙						☆	☆	卫生指标
磷酸二氢钙						☆	☆	卫生指标
沸石粉	☆							吸氨值、卫生指标
膨润土	☆							胶质价、膨胀倍卫生指标
凹凸棒土	☆							
豆油								脂肪酸组成
猪油	☆							酸价、丙二醛
磷脂油								酸价、含量
维生素								含量
微量元素								含量
氨基酸								含量
功能性添加剂								含量

注：☆表示原料控制项目，具体数值由各公司灵活掌握。

二、原料的处理与储存

（一）原料的接受与入库

1.建立原料接收程序

原料接收作业是饲料厂及养殖企业饲料仓库质量管理的第一

环节，其重要性可想而知。原料接收作业涉及门卫、品管、地磅员、装卸工、原料保管、财务人员等多个岗位。具体原料接收程序见图2-29。

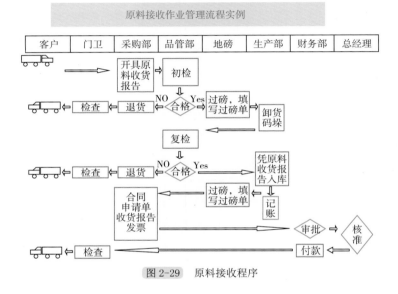

图 2-29 原料接收程序

2. 原料装卸入库

搬运工装卸原料和入库时接受原料保管的管理。搬运工在装卸时合理、正确地使用搬运工具，在搬运过程中轻拿轻放，注意包装的封口是否结实，包装有无破损，发现上述情况及时就地解决。搬运工不得损坏标识，按照原料保管的指定位置规范码垛（图2-30）。装卸完毕后清理现场。

原料入库时要进行以下检查：包装是否完整，有无破损；实物和

图 2-30 原料入库

（常玲玲 摄）

包装标识内容与合同是否相符；有无检验合格单等。不符合质量要求或待检原料，由原料保管人员做出明显标记、隔离或妥善保管。

（二）原料的储存

1. 储存场所的环境要求

不同性质的原料对储存场所的环境要求不同。储存场所可分为：

（1）简易仓库　临时存放稳定性强的原料，如石粉等，要求地面不积水、防雨。

（2）大宗原料库　存放玉米、小麦、高粱、豌豆、次粉等大宗原料的场所，要求能通风、防雨、防潮、防虫、防鼠及防腐等。

（3）添加剂原料库　存放微量元素、维生素、添加剂等原料的场所，除了能通风、防雨、防潮、防虫、防鼠及防腐外，还要求防高温、避光等。

每日工作完毕后要对各个仓库进行清扫、整理和检查，发现问题及时处理。定期对原料储存场所进行消毒。

2. 原料堆放要求

原料入库要分区（图2-31）、分类垛放（图2-32），下有垫板，垛位与垛位、垛位与墙壁间留有间隙。做好原料垛位卡（图2-33），包括品名、进货数量、来源，并按顺序、规范垛放。随时保持料垛四周、表面干净、整洁。不同的原料应分开存放，如果场地不够时同一堆原料应以记号笔做好记录标示。

图2-31　原料分区

（常玲玲　摄）

图2-32　原料垛放

（常玲玲　摄）

有些原料可能危险性高，如脂肪高、发热、太湿，此类原料应分开来特别看管，放上长杆温度计，1~2天至少检测2次，要有表格跟踪，同时观察温、湿度变化，一般此原料应堆放在仓库通风良好的地方，但不可存放离门太远，应距仓门1米，以预防下雨，也不应该堆放得太大、太高。

图2-33 垛位卡

（常玲玲 摄）

第三节 饲料的配制与应用

一、原粮饲料的配制

（一）配方设计

原粮饲料是畜禽所采食日粮中部分或全部为未经粉碎加工、保持从农田收获产出粮食时原始形态的一类饲料统称。鸽用原粮饲料又分为单一原粮饲料和混合原粮饲料，前者多见于条件受限的家庭农场或小型散养的鸽场，以单一玉米、单一小麦或单一稻谷为主；后者主要由玉米、小麦、豌豆、高粱等按照一定比例混合而成，旨在维护鸽嗜食硬物天性、胃肠道功能完整性的同时，保证营养的充足全面，多见于规模鸽场，为当前养鸽的主流。这里主要介绍混合原粮饲料，并从配方设计、制作工艺和成品检测等方面进行阐述。

饲料的配方设计必须遵从具体畜禽的营养需要，原粮混合饲料亦不例外。按原粮混合饲料的应用比例和使用习惯，分为100%混合原粮投喂和非100%混合原粮投喂，前者主要用于专门化蛋鸽生产或后备青年鸽育成期应用，后者常见于普通肉、蛋鸽养殖，并常搭配20%~50%颗粒饲料一起投喂。

100%混合原粮投喂的配方设计，主要在能量、蛋白质指标和可选择饲料种类及饲喂目标群体的确定。若应用于专门化蛋鸽生产，则蛋白质多需要设定在 13% 以上、能量设定在 12 兆焦 / 千克以上；若应用于后备青年鸽，则蛋白质多设定在 11% 以上、能量设定在 12 兆焦 / 千克以上。详细配方比例则视可选择饲料原粮种类而定，并根据各原粮具体营养价值指标而复配。以玉米、豌豆、小麦和高粱为例，常见专门化蛋鸽生产，可按 50% 玉米、30% 豌豆、10% 高粱和 10% 小麦（蛋白质 13% 左右）进行，具体操作方面，钙、磷、维生素和微量元素以及必需氨基酸营养，通过另配制保健砂进行投喂来满足。非 100% 混合原粮投喂的配方设计，则需要根据另外搭配的 20%~50% 颗粒饲料的具体营养参数指标而定，具体大同小异，这里不再赘述。

（二）制作工艺

原粮混合饲料的制作工艺相对简单，仅有除杂、除尘、除霉、称量、混合和分装等程序，按操作的人工投入或机械化程度不同，又分为人工操作和机械混匀。人工或机械制作原粮混合饲料，各有优缺点，应视具体场地条件而选择施行，均需要注意混合均匀度问题。

原粮混合饲料的成品检测，也主要检测原粮混合饲料的混合均匀度以及杂质和霉变情况。具体方法为，随机取 3 份及以上样品，按原粮种类人工挑拣原粮混合饲料，称重和换算各单一原粮的百分比，并与原粮混合饲料的初始配方进行比较，人工配制原粮混合饲料误差 3% 以内、机械混合原粮饲料误差 1% 以内为合格。杂质和霉变情况检测，同"第二节　饲料原料的质量控制一、原料的检测"。

视频 2-4 和视频 2-5 为原粮清灰、除杂。

视频 2-4　　　　　　　　　　视频 2-5
扫码观看：原粮清灰、除杂（一）　　扫码观看：原粮清灰、除杂（二）

（三）推荐配方：

原粮混合饲料推荐配方见表2-5。

表2-5　原粮混合饲料推荐配方

推荐配方	原料种类				营养水平	
	玉米/%	高粱/%	豌豆/%	小麦/%	能量/（兆焦/千克）	粗蛋白/%
配方一	50	5	40	5	12.6	14.0
配方二	40	5	50	5	12.4	15.5
配方三	30	5	60	5	12.2	17.0
配方四	50	7.50	35	7.50	12.6	13.5
配方五	40	7.50	45	7.50	12.4	15.0
配方六	30	7.50	55	7.50	12.2	16.4
配方七	50	10	30	10	12.7	13.0
配方八	40	10	30	20	12.6	13.5
配方九	30	10	30	30	12.5	14.0

注：能量、粗蛋白为理论计算值。

二、颗粒饲料的配制

（一）配方设计

颗粒饲料也称配合颗粒饲料，是现代鸽业日粮的重要组成部分，按全价性多少分为全价配合颗粒饲料和浓缩颗粒饲料。全价配合颗粒饲料，即按一定比例混合均匀后经由制粒后的产物，营养价值全面且能满足鸽的各种实际需要。浓缩配合颗粒饲料即所含蛋白质营养素比例较高（30%以上）的一类浓缩饲料统称，通常由三部分原料构成，即蛋白质饲料、常量矿物质饲料（钙、磷、食盐）和添加剂预混合饲料，为全价饲料中除去能量饲料的剩余部分。使用过程中一般占全价配合饲料的20%~40%，加入一定量的能量饲料后组成全价料饲喂畜禽。

全价配合颗粒饲料的配方设计，一般可按以下5个步骤进行：

① 明确目标。不同目标对自配日粮要求有所差别，目标可以包括

整个产业的目标、整个产业中本鸽场的目标和本鸽场中某一批次动物的目标等不同层次，如单位面积收益最大、每羽商品鸽上市收益最大、本批次鸽生产性能最佳、本鸽场收益最大、对环境污染影响最小等。目标不同对应的自配日粮也必须作相应调整。

② 确定标的鸽群的营养需要量。当前肉鸽行业尚未出台对应的饲养标准，因而只能参照鸡、鸭、鹅、鹌鹑等其他家禽作为参考，再根据鸽子所处不同阶段进行微调，一般 1~2 月龄童鸽参照蛋鸡育成前期饲养标准、3~4 月龄青年鸽参照育成后期蛋鸡饲养标准、产蛋种鸽参照初产蛋种鸡饲养标准、带仔种鸽参照高峰期蛋种鸡饲养标准，在选定鸽营养需要量以后还需要配合标的鸽群采食量来最终确定自配日粮中各营养素浓度及比例。

③ 选择饲料原料。即选择可利用原料并确定其养分含量及对鸽子的消化利用率，原料选择应适合鸽子采食习性、考究其生物学效价、有无抗营养因子、有无霉变及品质等。

④ 将以上信息汇总进行综合处理，形成配方后按照配方进行日粮配制。

⑤ 对新配制出来的日粮进行质量评定，一般进行蛋白质、钙、磷等常规营养素的化学分析，将分析结果与预期值进行比较，或是将所配日粮直接进行鸽子饲养，将实际饲养效果和鸽子生产性能、商品鸽品质作为自配日粮好坏的最终评价手段，根据实际饲养效果再进行微调和新一轮尝试以达到预期目标。这是一个不断循环往复的过程，各规模化鸽场需要自行实践摸索和不断经验总结，才能日趋完善不断进步。

浓缩颗粒饲料的配方设计，与全价配合颗粒饲料略有出入，要求尽可能提高蛋白质浓度，维生素、微量矿物元素高度浓缩，以满足不同原粮、浓缩料配合比例下的维生素、微量矿物元素的营养供给，其余整体配制流程与全价配合颗粒饲料配制一致。

（二）制作工艺

颗粒饲料的制作工艺，常按时序先后步骤分为物料破碎（粉碎）、搅拌混匀、制粒成形、冷却、破碎和筛分等工艺进程。根据每个工艺流程的不同，又有更细划分。按制粒温度的高低，分为高温制粒和低温制粒，前者多指蒸汽制粒，最高温度约125℃，后者多为非蒸汽的冷制粒，温度约80~85℃。制粒工艺中的高温过程，能去除部分抗营养因子，且有膨化、糊化、熟化功效，具一定的额外增益功效，便于鸽子采食和消化吸收。按制粒机制粒成形原理和类型，又分为环模制粒和平模制粒两种主要类型。

颗粒饲料的成品检测，主要分为颗粒料的表观指标和内在营养素指标。前者主要包含硬度、粉料率和表面裂纹数和光滑度等，后者主要指具体的蛋白质、粗脂肪和粗纤维、钙、磷、氨基酸及维生素和微量元素等具体营养素指标。

视频2-6和视频2-7分别为原料投放和成品操作流程。

视频2-6
扫码观看：原料投放

视频2-7
扫码观看：成品操作流程

（三）推荐配方

颗粒饲料推荐配方见表2-6。

表2-6 颗粒饲料推荐配方

单位：%

原料与营养素浓度		推荐配方1	推荐配方2	推荐配方3	推荐配方4	推荐配方5
原料	玉米	23	29	35	41	46
	豆粕	64	58	52	46	41
	次粉	5	5	5	5	5
	米糠	3	3	3	3	3
	赖氨酸	0.1	—	—	—	—
	蛋氨酸	0.05	0.02	—	—	—
	复合微量	0.05	0.05	0.05	0.05	0.05

续表

原料与营养素浓度		推荐配方 1	推荐配方 2	推荐配方 3	推荐配方 4	推荐配方 5
原料	复合维生素	0.2	0.2	0.2	0.2	0.2
	食盐	0.3	0.3	0.3	0.3	0.3
	磷酸氢钙	1.5	1.5	1.5	1.5	1.5
	石粉	2.5	2.5	2.5	2.5	2.5
	蒙脱石	0.3	0.43	0.45	0.45	0.45
营养素浓度[1]	能量	11.8	11.7	11.4	11.2	11
	粗蛋白	16	18	20	22	24
	粗脂肪	3.3	3.2	3.11	3.01	2.93
	粗纤维	2.82	3.07	3.31	3.56	3.76
	干物质	88.07	88.19	88.31	88.43	88.53
	赖氨酸	0.9	0.96	1.11	1.26	1.38
	蛋氨酸	0.3	0.3	0.3	0.33	0.35
营养素浓度[1]	含硫氨酸	0.56	0.59	0.64	0.68	0.73
	钙	1.29	1.31	1.33	1.34	1.36
	总磷	0.64	0.66	0.68	0.7	0.72
	有效磷	0.39	0.4	0.4	0.41	0.41
	食盐	0.33	0.33	0.34	0.34	0.34

[1]上述各营养素浓度为理论计算值。

三、保健砂的配制

(一)配方设计

保健砂,即矿物质饲料,含有鸽必需的多种矿物质营养元素,用于补充日粮中矿物质的不足。主要成分由砂砾、深层红土、钙源、磷源、食盐、微量矿物元素等组成,个别保健砂还额外添加有维生素、氨基酸及其他饲用添加剂等。贝壳粉、石灰石、骨粉和蛋壳粉等主要是含丰富的钙、磷等元素,它们是构成鸽子骨骼和蛋壳的重要成分;深层红土中含有铜、铁等元素,是机体所需的重要元素;中粗沙犹如鸽子肌胃中的牙齿,具有刺激和增强肌胃的收缩运动,参与机械磨碎饲料、提高鸽子对饲料的消化等作用。

保健砂的配方设计，首选应从经济性价比、安全卫生指标和可获取难易程度及饲喂效果等方面综合来确定所配鸽用保健砂的原料种类。钙源选择方面，优先度依次为石粉＞贝壳粉＞石米＞贝壳片；磷源选择方面，优先度依次为磷酸氢钙＞磷酸二氢钙＞磷酸钙＞其他磷酸盐；载体选择方面，河沙中粗砂效果较为理想。其次，应根据实际需要，尤其颗粒料投放比例与各主要营养素浓度，充分考察与估算各营养素每日每只鸽子需要量，预估、测算并验证保健砂采食量后，才好确定各营养素浓度，进而保证保健砂总摄入量乘以各营养素比例后与预期相符合，既不过多也无不足。最后，需要格外强调和注意的是，保健砂钙浓度和盐分浓度及颜色，对保健砂的采食量影响较大，钙浓度越高、盐分浓度越高，保健砂采食量越低，另外，鸽子对红色、黄色乃至褐色较为敏感，保健砂配成红黄色，能促进鸽子采食。

常见肉鸽保健砂的各主要营养素浓度要求依次为：每千克保健砂提供：维生素A≥50000单位，维生素D_3≥30000单位，维生素E≥500单位，维生素K≥20毫克，硫胺素≥10毫克，核黄素≥100毫克，泛酸钙≥500毫克，烟酸≥400毫克，吡哆醇≥100毫克，维生素B_{12}≥50毫克，生物素≥20毫克；钙≥15%，磷≥5%，食盐≥3%，赖氨酸≥3%，蛋氨酸≥1%，钙≥10%，磷≥3.5%，食盐≥3%，铁≥600毫克，铜≥80毫克，锌≥700毫克，锰≥700毫克，硒≥5毫克，碘≥10毫克。

常见蛋鸽保健砂的各主要营养素浓度要求依次为：每千克保健砂提供：维生素A≥80000单位，维生素D_3≥40000单位，维生素E≥500单位，维生素K≥20毫克，硫胺素≥10毫克，核黄素≥100毫克，泛酸钙≥500毫克，烟酸≥400毫克，吡哆醇≥100毫克，维生素B_{12}≥50毫克，生物素≥20毫克；钙≥10%，磷≥3.5%，食盐≥3%，赖氨酸≥3%，蛋氨酸≥1%，铁≥600毫克，铜≥80毫克，锌≥700毫克，锰≥700毫克，硒≥5毫克，碘≥10毫克。

（二）制作工艺

保健砂的制作工艺，按成品颗粒型保健砂的类型，分为粉型保健砂和颗粒型保健砂，相应地，其制作工艺亦分为粉型保健砂工艺和颗粒型保健砂工艺。按时序流程，则粉型保健砂需依次历经除杂、称量、小料混匀、大小料混合和分装等步骤；颗粒型保健砂则需依次历经除杂、称量、小料混匀、大小料混合、掺水调质混匀、离心滚圆、烘干、冷却、分拣筛分和分装等步骤。着重强调逐级混匀和混合充分均匀。逐级混匀主要对各类微量矿物元素进行，先用与标的物比重相当的等质量载体或稀释剂充分混合均匀后，再依次逐级等量增加其他原料；按量称取则按配方设计精确称取各类原料，尽量将称量误差范围控制在千分之一以内；混合均匀则是必须保证充分搅拌、混合充分和防止分层。

保健砂的成品检测，主要在于表观性状和混合均匀度检测及具体营养素指标的检测。表观检测主要在于眼观、手触和鼻闻。具体营养素指标的检测参照国标饲料中维生素、微量元素、氨基酸及钙、磷等指标检测。

（三）推荐配方

1. 童鸽、青年鸽保健砂推荐配方（表2-7）。

表2-7 童鸽、青年鸽保健砂推荐配方

单位：%

类别	河沙	贝壳粉	磷酸氢钙	食盐	蛋氨酸	赖氨酸	微量元素	复合维生素	其他（大蒜素、中草药、酵母硒等）
推荐配方	41.0	42.5	9.0	4.0	0.05	0.05	0.10	0.10	适量添加

2. 非育雏期产鸽保健砂推荐配方（表2-8）。

表2-8 非育雏期产鸽保健砂推荐配方

单位：%

类别	河沙	贝壳粉	磷酸氢钙	食盐	蛋氨酸	赖氨酸	微量元素	复合维生素	其他（大蒜素、中草药、酵母硒等）
推荐配方	40.0	42.5	9.0	4.5	0.05	0.05	0.15	0.10	适量添加

3. 育雏期产鸽保健砂推荐配方（表 2-9）。

表 2-9　育雏期产鸽保健砂推荐配方

单位：%

类别	河沙	贝壳粉	磷酸氢钙	食盐	蛋氨酸	赖氨酸	微量元素	复合维生素	其他（大蒜素、中草药、酵母硒等）
推荐配方	36.00	44.90	9.50	5.0	0.05	0.10	0.20	0.15	适量添加

四、不同鸽用饲料的应用及注意事项

对当前肉鸽生产实践而言，原粮饲料、颗粒料和保健砂三者并驾齐驱，同等重要，相互依存又缺一不可。三者合为一整体，共同构成当前鸽业养殖的日常日粮，且在今后相当时间范围内，仍将长期共存。

鸽属晚成鸟，30 日龄内雏鸽不具备完整的独立采食能力，由亲鸽对雏鸽行嘴对嘴式逆呕哺喂，而商品乳鸽多在 30 日龄前出栏上市。鸽的这种晚成鸟属性，限制了浓缩配合颗粒饲料在鸽业养殖的应用和推广。相较原粮，颗粒料被带仔亲鸽采食后，大部分将被哺喂给乳鸽，若颗粒料为浓缩料，则其食盐、维生素和微量元素等浓度势必较全价料高，但 30 日龄内雏鸽不具备完整的独立采食能力，尤其不能自由饮水，常导致后期（15 日龄后～上市前）乳鸽生产缓慢、发育迟缓，表现出干瘪瘦小症状。在肉鸽生产实践中，常规意义上的浓缩颗粒饲料，其饲喂效果也多不理想，故当前所谓肉鸽颗粒饲料，多实为全价配合颗粒饲料。

有些规模化鸽场采用 100% 全价颗粒饲料 + 零原粮 + 零保健砂模式，虽有营养全面、防止鸽子挑食、避免浪费、易于实现标准化等优点，但相较原粮，仍存在肠道停留时间短、母鸽采食偏多、增肥超重进而影响产蛋，胃肠道特别是肌胃萎缩严重等弊端，故 100% 全价颗粒饲料 + 零原粮 + 零保健砂模式仍较为少见。因而生产实践中，原粮对鸽业养殖而言，从某种程度上来说，仍不可或缺。实际生产实践中，多采用颗粒料 + 混合原粮模式。

颗粒料为全价配合饲料，目前鸽业生产中很少单独使用。对于有投喂原粮饲料＋全价配合颗粒饲料的鸽粮组合而言，这部分原粮饲料相较于全价饲料，是缺乏部分营养的（维生素、微量元素、钙、磷、盐等）的，所缺乏的部分营养，则通过保健砂来补充和提供。

虽然上述三种类型饲料，在当前多数规模化鸽场中均有存在，共同构成当前肉鸽养殖的到嘴日粮且将长期共存，但在具体使用方面，除了应用比例和投喂方式外，还有诸多应用搭配技巧和注意事项，各鸽场应视自身实际情况而定，切勿跟风和盲从。

（一）保健砂的应用技巧与注意事项

既然保健砂对有投喂原粮的鸽群而言必不可少，那么如何为到嘴鸽粮中的原粮部分补充全价性，就成为保健砂投喂应用技巧的关键所在。这里需要规模化鸽场和养鸽从业者们，根据保健砂的实测采食量以及保健砂采食量占总饲料采食量的百分比进行反复推算和优化调整，并最终达到保健砂采食量所贡献补充的那部分全价性，与到嘴鸽粮中对应比例的混合原粮所缺失的那部分全价性相一致。

具体操作方面，以某鸽场选用正规厂商2%鸽用预混料自配鸽用保健砂举例，其对应肉种鸽到嘴鸽粮配比为，30%全价配合颗粒饲料+70%混合原粮，保健砂采用2%规格鸽用预混料进行自配。2%规格鸽用预混料，在初始自配鸽用保健砂中占比为10%，其余90%为河沙、石粉及其他中草药或保健品等成分。千对带仔种鸽每天到嘴鸽粮采食量为145千克，自配鸽用保健砂采食量为5千克，则到嘴鸽粮采食量中混合原粮所缺失的那部分全价性，换算成2%规格的鸽用预混料理论上需要对应145千克×70%×2%=2.03千克的采食量，但实际只有5千克×10%=0.5千克，缺口1.53千克，需要在自配保健砂中将2%规格鸽用预混料的投放比例由10%提高至100%×（2.03千克÷5千克）=40.6%。

实际生产中，因保健砂的钙、盐分浓度及颜色乃至气味，对保健砂的采食量影响较大。加大2%规格鸽用预混料投放比例后，又间接造成自配保健砂的钙、盐分浓度和颜色以及气味等改变，并最终造成实测采食量发生变化。具体以实测为基准，需要如此循环往复，直至与预期相一致。

此外，保健砂最好保持新鲜饲喂，也可用少量水拌匀做成小型圆粒晾干使用。如在保健砂中添加多种维生素、氨基酸、微量元素等成分时，应尽量避免光照，缩短配制周期，避免维生素等活性营养素氧化失效。从饲喂某种类型保健砂到改喂另一类型的保健砂，中间须有一个过渡期，一般需 10~15 天，否则会导致部分鸽子不适应，进而影响生产。

（二）浓缩颗粒料与原粮间搭配技巧及注意事项

当前规模化鸽场，流行配制一种通用的配合饲料并进行制粒，然后通过与一种或多种不同比例的能量饲料（玉米、小麦、高粱等）及蛋白饲料（豌豆）原粮，进行混合搭配，形成不同类型的混合饲料，用来饲喂不同阶段、不同类型鸽子，以此谋求化繁为简和经济效益的最大化，其中技巧有很多，但最为重要之处在于一个核心和两个关键。

一个核心，主要在于维持饲料单纯蛋白质营养的浓缩性，其他维生素、微量元素、钙磷尤其食盐，应维持在全价性水平，以与多数出栏上市前乳鸽不具备完整的独立采食能力，尤其不具备自由饮水能力及颗粒饲料经由亲鸽采食后多被哺喂转移至乳鸽这种独特的生理生长特性相适应。

两个关键在于变与不变。不变，主要是指维持蛋白浓缩饲料质量的稳定性，保证蛋白浓缩饲料各饲料原料、预混合饲料、添加剂种类、质量、数量和比例的相对恒定，进而维持蛋白浓缩饲料中能量、蛋白质、钙磷等矿物质元素、维生素、氨基酸等营养素的浓度和含量的不变性。变，则主要是指与蛋白浓缩饲料搭配的能量饲料原料，其种类和搭配比例，应视鸽品种、日粮、阶段、生产目的、季节、原料价格以及产品品质要求而各有不同，以达到或满足不同生产需求所需的各营养素供给，并尽最大限度达到饲料成本最低与经济收益最大化。

（三）全价配合颗粒料与原粮间搭配技巧及注意事项

虽然全价颗粒饲料营养均衡全面，其应用也是今后鸽业现代化、规模化、标准化的趋势和导向所在，具有化繁为简、避免鸽子挑食浪费、保证营养均衡供给等方面诸多优点，但在当前技术条件和行业大背景前提下，全价颗粒饲料仍不建议长时间100%连续投喂，除非对所饲养鸽群整体进行连续三代及以上100%全价颗粒饲料的驯化及改良。

再硬的颗粒料，也是遇水即化。在形态维持方面与原粮颗粒相比，全价颗粒饲料在这方面仍有逊色。观察显示，长时间连续使用全价颗粒饲料，容易造成鸽胃肠道，尤其是肌胃萎缩，造成胃肠道功能退化。因而，全价颗粒饲料应与原粮搭配起来，形成优劣互补。其使用技巧，则主要在于因鸽而异和因时而异。

所谓因鸽而异，主要指针对不同类型鸽子，应区别对待。以产蛋为生产目的的蛋鸽，是可以长期使用的。尽管长期应用全价颗粒饲料可能带来胃肠道消化功能完整性的部分缺失，但并不影响生产性能及产品品质，笔者认为蛋鸽应用全价颗粒饲料仍旧利大于弊。但对于生产商品乳鸽的肉种鸽而言，则胃肠消化道功能完整性不可缺失，带仔哺喂肉种鸽负荷繁重，应予以维护。

所谓因时而异，则主要针对肉种鸽不同阶段而言。对于1~2月龄留种童鸽而言，由于初离亲鸽、刚学会独立采食，尚处于应激适应阶段，应强化营养，以全价颗粒饲料为主、原粮为辅（8∶2）。3~4月龄青年鸽，是强化筋骨、培植强劲胃肠道时期，则应以全价颗粒饲料为辅、原粮为主（2∶8）。配对期肉种鸽一方面处于配对适应期，一方面处于初产蛋阶段，以加强营养供给为主，可全部饲喂全价颗粒饲料。进入正常哺乳带仔阶段肉种鸽，由于全群亲鸽哺乳期、孵化期、产蛋期交叉存在，此时可采用全价颗粒饲料与原粮各半的办法，给鸽群以选择的余地，让其自主选择，并依据所产上市乳鸽体重大小以及亲鸽产蛋间隔长短来适度调整其比例。从观察来看，带仔繁重的哺乳期亲鸽，偏向于采食全价颗粒饲料，无仔孵化期亲鸽，趋向于采食原粮。

此外，在应用全价配合颗粒时，规模化鸽场及养鸽从业者，还应对以下几方面问题引起足够关注和重视。

鸽用颗粒饲料的硬度应尽可能加强，其粉料率应尽可能降到最低。因为鸽子天性嗜食硬物，且当前养殖鸽子，多不像蛋鸡养殖那样进行断喙处理，不能采食粉料。若硬度不够，鸽子一叼即碎，反而适得其反，影响鸽采食并造成浪费。此外，还由于颗粒料多不直接投喂，还涉及与原粮饲料的二次拌匀后再行投喂，也需要加强颗粒硬度和减少粉料。

配置全价配合颗粒饲料，在可制粒前提下，应尽可能维持物料粒径的最大化。颗粒饲料经粉碎、制粒后虽然增加了饲料的可消化性，但也缩短了饲料在鸽子胃肠道内停留时间，造成过料太快，鸽子缺乏饱腹感，进而采食更多饲料，造成局部营养过剩，腹部囤积过多脂肪，影响生产性能。增大颗粒料内部的物料粒径，则能适当延长肠道停留时间，适度避免过料太快发生。

全价配合颗粒饲料，在投喂环节，应对鸽子采食颗粒饲料，进行适当限饲，避免出现自由采食。停用自由采食模式，对鸽群每日饲粮供给量进行适当限制，或在平常配合饲料基础之上，进一步降低各主要营养素浓度5%~10%后，让鸽群自由采食，其间平衡需要各规模化鸽场或养鸽从业者自行摸索把握。

应用全价配合颗粒饲料时，仍需额外补充保健砂。有人认为全价配合颗粒饲料100%投喂后，由于营养均衡，就不再需要投喂保健砂了。这种观点，只注意到了全价颗粒饲料的营养全面性，忽略了保健砂刺激和增强肌胃收缩运动，参与机械磨碎协助消化饲料方面的功效，故不可取。应用全价颗粒饲料饲喂鸽子，仍需要添加保健砂。此时保健砂中营养性添加剂可适当减量甚至不添加，常规性砂砾、砂石仍不可或缺。

综上所述，原粮饲料、颗粒饲料和保健砂共同构成当前鸽业养殖的到嘴日粮且将长期共存。当前鸽业养殖生产实践中，三者缺一不可，应相互配合和完善补充，共同为肉鸽生产提供充足的营养保障，方能维持肉鸽生产的持久高产和持续稳定。

第三章

肉鸽饲养与管理

饲养与管理是养殖工作的核心，无一日可间断。做好鸽子每个生理阶段的饲养管理工作是鸽群发挥良好生产性能的前提。饲养管理涉及养鸽的全过程，包括环境、饲料、设备、免疫、消毒。不同的生长阶段应该根据其生长特点进行饲养管理。

饲养员每天都要做好鸽群的观察工作。一看精神状态；二看采食、饮水情况；三看粪便形态、颜色是否正常。若发现个别鸽子呆立一旁，精神萎靡，羽毛蓬乱，无食欲和饮水欲，粪便异常，应立即隔离；如鸽群整体精神状态欠佳，需要做进一步检查；死鸽捡出，如有必要可做剖解。每日根据观察的结果决定当日饲养和管理的措施。

在日常饲养工作中一定要树立"养>防>治"的观念，只有饲养管理工作做好了，鸽群体况良好，免疫力高，自然健康高产。给予充足的营养、清洁的饮水、良好的室内环境、重视日常消毒工作，按照免疫程序结合抗体检测结果适时免疫都是鸽群健康高产的必要条件。

第一节　童鸽的饲养与管理

童鸽指被选留下来用作种用的 29~60 日龄的鸽子，又称断奶幼鸽。乳鸽由依赖亲鸽到独立生活，环境条件和饲养条件都发生了较大变化。乳鸽转移到童鸽舍，脱离亲鸽，需自主采食饮水，适应新环境，处于过渡期，其体重一般会下降 50~80 克。50~60 日龄开始换羽，第一根主翼羽首先脱落，往后每隔 15~20 天又换第二根，与此同时，副翼羽和其他部位的羽毛也先后脱落更新。该段时间鸽子容易生病，加强营养和防病是本阶段管理的重点。

一、童鸽的选择

种用乳鸽 28 日龄离笼时要进行选择，只有满足选留要求的个体才能留下来，转入童鸽舍。选择时依据以下两个指标：

1. 体型外貌

需选择羽色、体型和外貌符合品种标准，体格健壮，羽毛丰满，无肢体残疾（如翅膀断裂、眼睛伤残、腿部骨折等），精神状态良好的乳鸽，剔除无毛鸽或被老鸽啄伤的乳鸽。

2. 体重

28 日龄乳鸽离笼时，逐只进行体重称量，选留满足品种标准体重的个体，淘汰体重不达标或超重的个体。最好可以分公母给予选留体重范围。

二、童鸽的饲养与管理

（一）饲料

1. 饲料的更换

童鸽消化系统的功能尚未完善，消化饲料的能力差。断奶后 2~3 天内虽有觅食和采食行为，但常常将食物啄起又掉下，不会把食物吞咽进嗉囊内，因此颗粒大的原粮饲料应先压碎成小颗粒，并浸泡 12~24 小时后再饲喂；全价颗粒饲料则使用小颗粒，潮拌料饲喂。

初转入童鸽舍的乳鸽饲料转换要缓慢，饲料品种、数量、比例应与其亲鸽相同，然后逐渐转换成童鸽料配方，饲料的转换在 5~7 天完成比较合适。

50~60 日龄开始换羽时，调整饲料配方，增加日粮中蛋白饲料的比例，尤其是含硫氨基酸的比例，促使换羽。

2. 饲料的投喂

自由采食。每天饲喂 3~4 次，固定时间投喂，如早上 7 点、中午 12 点、下午 6 点各喂一次，让鸽子养成按时采食的良好习惯。料槽每周清理消毒 1~2 次。

供给新鲜充足的保健砂。保健砂应与饲料的投喂同步。保健砂盒每周清理消毒 1~2 次。

（二）饮水

全天供应充足清洁饮水。肉鸽的饮水量随环境和温度的变化而变化，夏季的饮水量比其他季节多，笼养式肉鸽比平养式肉鸽饮水量多。要保证清洁饮水，饮水器做到洁净卫生。供水不足或饮水不清洁，极易导致肉鸽患病死亡。

（三）管理

1. 密度

童鸽一般采用笼养模式，3~4 只 / 笼为宜，太多容易出现拥挤、打斗现象。

2. 环境控制

鸽子适宜的生长温度为 25℃左右，鸽舍的温度应保持在 15~30℃为宜，冬天要注意保暖，防止寒风侵袭，夏天要注意降温。鸽舍内相对湿度最好保持在 50%~60%。

在保证温度的情况下尽量多通风，空气新鲜，利于鸽子健康成长，但在冬天应注意防寒。

鸽子视觉比较敏锐，警惕性高，对环境的刺激十分敏感，要防止鼠、蛇、猫、狗等的侵扰，以免引起鸽群混乱。

3. 免疫

28 日龄鸽新城疫灭活苗肌内注射 0.3 毫升 / 只 + 活苗 2 羽份 / 只滴鼻点眼。为缓解应激，加挂水盒给予电解多维饮水。疫情严重地区免疫可以适当提前至 15~18 日龄进行。

4. 其他

加强观察 30~40 日龄的童鸽，由于初离亲鸽独立生活，有些不能自食，加上群养杂乱，有些鸽表现不太适应，所以要加强观察，做到"三查三看"，即查看有无吃到料、查看是否过于拥挤、查看是否被啄伤，看动态、看饮食、看粪便。弱小的不会饮食或嗉囊干瘪没有食物的需要人工辅助诱导采食饮水。应逐一捉到食具、水槽旁，轻按其头，让它学会采食，经反复训练几次，即可学会。

注意换羽期管理。50~60 日龄开始换羽时关注鸽群健康状态。

视频 3–1 为童鸽的饲养与管理。

视频 3-1
扫码观看：童鸽的
饲养与管理

第二节　青年鸽的饲养与管理

青年鸽指 61~180 日龄的鸽子。青年鸽刚转入飞棚，由笼养模式转为网上平养模式（图 3–1）。青年鸽具有以下特点：进入稳定的生长期，生长速度相对童鸽要快，是骨骼发育的主要阶段；消化机能逐渐发育完善，适应了坚实的籽实饲料，新陈代谢相对旺盛，采食量增加；好斗，争夺栖架；逐渐达到性成熟。

图 3-1　网上平养
（卜柱　摄）

一、青年鸽的选择

61 日龄的鸽子由童鸽舍转入飞棚时，进行选择。

1. 体型外貌

同童鸽选择部分。

2. 体重

同童鸽选择部分。

二、青年鸽的饲养与管理

（一）饲料

限饲，可以防止青年鸽生长过肥，影响后期的生产性能，此外限饲有利于青年鸽骨架的发育。

1. 饲料的更换

饲料的转换在 5~7 天内完成比较合适。饲料配方中可适当降低蛋白质和能量水平。

2. 饲料的投喂

要做到定时、定点、定量投料，减少落地料。每天投喂 2 次，每次喂量以半小时内吃净为宜。喂料量为 30~35 克 / 只，根据品种、季节不同适当调整。吃完料后将食槽拿开或取出剩余饲料，防止饲料被粪便污染。保健砂供应充足，每天喂 2 次，每天喂量 3~5 克 / 只。

保健砂应该与饲料的投喂同步。

（二）饮水

刚转入飞棚可使用水壶给予饮水，慢慢过渡到使用乳头饮水器。其他同童鸽部分。

（三）管理

1. 密度

青年鸽的饲养密度，一般 7~14 只 / 平方米为宜。饲养密度过高，容易出现拥挤、打斗现象。饲养密度过低，成本太高。

2. 环境控制

同童鸽部分。

3. 免疫

61 日龄左右鸽新城疫灭活苗肌内注射 0.5 毫升 / 只 + 活苗 2 羽份 / 只滴鼻点眼。

4. 公母分群饲养

为了避免青年鸽过早配对，保证公、母鸽比例恰当，最好不同性别分棚饲养。要实现这一点，需提前做好青年鸽的性别鉴定。

性别鉴定通常有分子鉴定［详见本章第五节、二、（二）性别鉴定］和经验鉴定。根据实践经验，鉴别鸽的雌雄应掌握以下几点，以便综合判断。

（1）体形体态鉴别　雄鸽身体比较粗大，颈粗短，头顶隆起近似四方形，脚粗大，外形雄壮豪放；雌鸽身体较小，颈细长，头顶平而窄，脚细小，外形温顺优美。

（2）鼻瘤鉴别　雄鸽鼻瘤大而阔，雌鸽鼻瘤小而窄；120日龄的雌鸽，鼻瘤中央有白色的肉线，雄鸽则没有。

（3）尾脂腺鉴别　尾脂腺俗称鸽尾斗，尖端开叉的多数是雌鸽，不开叉的多数是雄鸽。

（4）骨骼鉴别　雄鸽嘴短，龙骨长且末端尖；雌鸽嘴长，龙骨短且末端圆而软。

（5）发情表现鉴别　鸽子约5月龄达性成熟，开始发情，此时雄鸽喜打斗，常常追逐雌鸽或围绕雌鸽转圈走，颈羽竖起，颈上气囊膨胀，尾羽展开如扇形且常拖地，频频上下点头，连续发出"咕、咕"声，叫声长而强；发情雌鸽比较安静，在雄鸽追逐时，发出"咕嘟噜"回答声，叫声短而尖，并微微点头。

（6）触肛鉴别　3个月龄以上的种鸽，用手轻轻触动肛门，雌鸽尾羽往上翘，雄鸽尾羽往下压，呈交配状。具体的操作方法是：双手将鸽子平稳地拢抱于胸前（不要压得太紧），鸽子的头向鉴别者的胸部，使鸽子姿态自若，不过于拘谨、惊慌。用右手食指向鸽子肛门处（在两趾骨上方凹陷处）轻轻压，如果是雄鸽则尾羽向下压（以水平坐标为准）；如果是雌鸽则尾羽向上竖起或展开。这种触摸法表现出来的反应如同正常雌雄鸽交配时所表现的姿势，由于肛门受到刺激而表现出这种动物性行为是较准确的。注意：捉鸽时不要压得过紧；触肛时要多触压几次，以其尾羽多数表现为准；长途运输或关在笼里养的鸽触肛反应不明显。

（7）羽毛形状鉴别　乳鸽翅膀上最后4根初级羽，末端较尖的多数为雄鸽，较圆的多数为雌鸽。

5. 充足的栖架

青年鸽喜欢在飞棚中的栖息架上休息，飞棚要有足够的栖息架（图3-2、图3-3），防止青年鸽在飞棚过多地扎堆。

图 3-2 栖息架 1

（杨晓明 摄）

图 3-3 栖息架 2

（卜柱 摄）

扫码观看：青年鸽的
饲养与管理

6. 其他

（1）青年鸽采用群体网上平养模式，容易发生交叉感染，及时观察挑出病鸽、死鸽和残次鸽。

（2）适当洗浴可以清洗羽毛，杀死体外寄生虫。配对上笼前做好驱虫工作。

视频 3-2 为青年鸽的饲养与管理。

第三节　配对鸽的饲养与管理

青年鸽长至 5~6 月龄，主翼羽已更换 7~8 根，这时便进入性成熟期，一般在更换第 10 根主翼羽时就开始配对，这个时期的鸽子称为配对鸽。种鸽的配对工作是生产中的一个重要环节，配对方法得当，种鸽可以及时配种，开始产蛋繁殖。

一、配对鸽的选择

1. 体型外貌

同童鸽部分。体型、体重相近的公母鸽进行配对（图 3-4、图 3-5）。

图 3-4 称重

（卜柱 摄）

图 3-5 称重分群

（卜柱 摄）

2. 体重

根据每个品种的标准上笼体重，淘汰体重不达标或者过高的个体。

3. 亲本的繁殖性能

依据系谱资料，根据对应亲鸽的繁殖性能，优先选择亲鸽繁殖性能较好的后代。

二、配对鸽的饲养与管理

（一）饲料

1. 饲料的更换

配对鸽开始为即将到来的产蛋、哺育乳鸽做准备，在此期间饲料逐渐转换为产蛋期料，提高日粮的营养水平，提高蛋白质、维生素和磷、钙比例。饲料的转换在 5~7 天内完成比较合适。

2. 饲料的投喂

（1）人工喂料 自由采食，每天投喂 3 次。夏天气温较高时，第一次喂料的时间可适当提前，第三次喂料的时间适当延后，让亲鸽在气温相对低的时候采食。每天投喂的饲料总量最好能刚好吃完，饲养员根据每对产鸽的采食情况及时作出调整。

（2）行走式料机喂料 基本同人工喂料。为了保证产量，使用行走式料机的同时，建议加挂料盒，根据每对亲鸽带仔的情况适当补料。

料机每周最少做一次彻底清理。根据测算，料机在每对产鸽笼前停留的时间不少于 20 分钟 / 天，料机的数量和行走的时间与速度要根据鸽舍的长短来设定。

（3）保健砂　少喂勤添，保证新鲜。被粪和水污染的保健砂要及时更换。保健砂盒每周最少做一次彻底清理。每只种鸽大约需保健砂 4~6 克 / 天。保健砂应该与饲料的投喂基本同步。

（二）饮水

水源充足，保证清洁。使用乳头饮水器，要经常检查乳头出水是否正常。水碗饮水，注意一旦有粪污就要清理；水碗清洗要勤快，清洗时勤换刷头，刷头用后用消毒水浸泡。

饮水线一定要保持畅通。添加药物时，最好不要采用饮水方式，否则容易引起管线内堵塞和药物残留。定期冲洗管线。

（三）管理

1. 密度

采用自由配对模式，一般每笼随机放置 3 只成年鸽。如果采用强制配对模式可以直接一公一母放置于一个笼中。

2. 环境控制

同童鸽部分。

3. 免疫

150 日龄左右从飞棚转入产鸽舍时，鸽新城疫灭活苗肌内注射 0.5 毫升 / 只 + 活苗 2 羽份 / 只滴鼻点眼。

视频 3-3
扫码观看：青年鸽
公母自由配对

4. 配对（图 3-6）

配对的方法有两种：自然配对就是将公母后备青年鸽混合饲养，让其自由配对（视频 3-3）；强制配对就是将公母分开饲养的后备青年鸽，人为将 1 只公鸽和 1 只母鸽装入一个笼子里配合成对。

（1）自由配对模式

① 每个笼子随机放置 3 只鸽子，看有无两只鸽

子有亲密动作，如互相亲吻、梳理羽毛、吐喂食物和交配行为等。

② 保留配好对的两只鸽子，另一只转出放于一个新笼子中，继续配对。

③ 一个笼中公鸽较多时，会出现打架啄伤情况，一般为头部受伤。发现后需及时调换。

图 3-6　配对期种鸽观察饲养

（杨晓明　摄）

（2）强制配对模式

① 乳鸽离笼时已经进行性别鉴定工作，并佩戴了公母环。

② 之前性别鉴定好的公母鸽，可一公一母直接强制配对上笼。或者双母拼对直接上笼。

③ 观察鸽子前几天有无打架行为，有无鸽受伤。如果有受伤，考虑调开重新配对。

④ 配对上笼前确定好青年鸽日龄，一般要 5 个半月左右才可以上笼配对。

第四节　产鸽的饲养与管理

对肉鸽生产来讲，产鸽是指已经配对成功，准备或是正在产蛋、孵化和哺育乳鸽的鸽子；对蛋鸽来讲就是已经上产蛋笼，准备或是正在产蛋的鸽子；通常也指 180 日龄以上的鸽子。产鸽身体和性都已经成熟，开始承担起产蛋、孵化和哺育的任务，新陈代谢旺盛。鸽子为多年利用禽种，一般可以利用 5~7 年，2~4 年繁殖性能较佳。这个阶段饲养管理的优劣直接影响鸽场产出的多少。

产鸽每 45 天左右产一窝蛋，一窝 2 个蛋，第一个蛋产下后间隔 36~48 小时再产第二个蛋。产蛋结束后，亲鸽开始孵化，孵化期 18

天。公母鸽轮流孵化，一般雌鸽孵化时间在下午 5 时至第二天上午 9 时左右，雄鸽孵化在上午 10 时至下午 4 时左右，这个轮换时间随地区的不同稍有差异，但在通常情况下，白天的中午多由雄鸽孵蛋，夜间多由雌鸽孵蛋。雏鸽出壳后双亲逆呕鸽乳哺喂雏鸽。雏鸽 15 日龄后亲鸽又开始产下一窝蛋，此后亲鸽承担孵化任务的同时，还要继续哺喂雏鸽，体能消耗很大。

图 3-7　草窝

（卜柱　摄）

图 3-8　麻艺巢垫

（卜柱　摄）

图 3-9　布艺巢窝

（卜柱　摄）

一、产蛋前的准备

1. 配置蛋窝

为了给亲鸽提供产蛋、孵化和哺喂雏鸽的地方，产鸽笼内都要安放蛋窝。蛋窝最好在配对期就安放好，让鸽子有一个适应的过程。蛋窝的大小要能满足一只亲鸽和 14 天前的雏鸽趴窝。准备采用"2+3"生产方式的，蛋窝的大小一定要考虑拼并乳鸽的只数。蛋窝安放好后，产鸽就喜欢卧在窝内，养成这样的习惯可以避免将来在产鸽笼底网上产蛋。

2. 铺放垫布

配对成功的亲鸽，一旦有了交配行为，7~9 天后就会产蛋，此时需要往蛋窝里铺放垫布（垫草等），以诱导其产蛋。同时还可以避免产下的蛋破损（见图 3-7~ 图 3-9）。

垫布只要发现粪污较多，就要更换。干净的垫布是保证种蛋清洁和乳鸽健康的物质条件。换下的脏垫布需要浸泡、清洗、消毒、晾晒（烘干）后再使用。

二、繁育期的饲养与管理

（一）种蛋自然孵化的饲养与管理

1. 饲料

（1）饲料的要求　产鸽饲料的更换应该在配对期已经完成。产鸽饲料的营养成分要综合考虑生产水平、环境温度，产量越高则营养水平也越高，温度低时需要适当提高能量水平。

保健砂供给充足。配制保健砂时，要根据季节、鸽群生产方式和生产水平适当做出调整。

（2）饲料的投喂　同配对鸽部分。

2. 饮水

同配对鸽部分。

3. 管理

（1）密度　原则是密度适当，太高容易造成鸽舍内环境恶化，引起疾病传播，太低则会造成浪费。如果室内环境可人为控制，密度可以高一点。普通半开放式鸽舍产鸽密度以"5~8 只/平方米"为宜。

（2）环境控制

① 补充人工光照。光照时间长短与鸽子繁殖、育雏有密切关系。产鸽配对期开始增加光照，然后逐渐延长，保持在 16 小时/天。光照时长不能超过 17 小时/天。

② 温度与通风。鸽子喜温暖怕寒冷，鸽舍内温度保持在 15~30℃，鸽子会感到舒适。温度保证的情况下通风越多越好。寒冬季节，需做好保温措施，适当减少通风；暑天季节，应做好降温工作，如及时遮阳、地板洒冷水、湿淋降温、加大通风，条件好的鸽场可以用风扇，湿帘通风是较佳的选择。

（3）免疫　每年在 10~11 月份，鸽新城疫灭活疫苗肌内注射，0.5 毫升/只（在免疫前 1 个月根据抗体监测结果而定）。

4. 生产记录

产鸽一旦转入产蛋鸽舍，每个笼都要有生产记录表悬挂于笼上。每个鸽场会根据自己产鸽笼的实际情况设计生产记录表和确定悬挂位置，原则是便于记录。生产性能记录表需要记录以下信息：笼号、产蛋日期、产蛋数、种蛋转出或并入个数、受精蛋数、死胚蛋数、出雏鸽数、雏鸽转出或拼入个数、出栏乳鸽数和其他需要备注的情况等。

对整个鸽舍要准备生产日志表，记录以下信息：鸽舍号，日期、存栏量（对）、死淘数、喂料量、出栏乳鸽数、捡蛋数（种蛋、无精蛋）和其他需要备注的情况等。

5.特殊管理需求

（1）并蛋孵化　有几对产鸽都是同时产 1 个蛋的，可以两三个蛋合并做一窝孵化。孵到中途若有无精蛋、死胚蛋，剔除后剩下单个发育正常的蛋，也可以两三个合在一起孵，途中如有个别先出仔，剩下的蛋可移给另一窝孵。并蛋孵化的条件：同天产蛋并孵，胚龄相同并孵。拼仔饲养数目与孵化蛋的数目要相同。孵化前期少数产鸽孵 4 个蛋用于补充在照蛋时捡出的无精蛋、死胚蛋，以保证每对产鸽始终能孵上 3 个蛋。

产鸽孵 3 个蛋一般要 18~19 天才能出壳，而 18~19 天内产鸽分泌的鸽乳的成分和数量都不同。因此，要对出仔有先后的蛋最后一次调整，具体做法：产鸽孵蛋到第 18 天时，就要检查出壳情况，以便调整蛋。以第 19 天出完壳为例，把第 18 天啄壳蛋调到 19 天，把第 19 天没有啄壳的蛋调到 18 天，这样孵到 19 天的蛋基本全部啄壳。这时要把啄壳洞大的放在一起，啄壳洞小的放在一起，啄壳一样的放在一起。

并蛋孵化可以提高产鸽的孵化效率，缩短部分产鸽的产蛋周期。

（2）孵化时的注意事项

① 减少环境应激。蛋的孵化需要一个稳定的孵化温度。亲鸽长时间离巢，会发生冷蛋，导致孵化失败。为了让亲鸽专心孵化，要减少人为对产鸽的干扰；做好灭鼠，避免蛇、猫、黄鼠狼等的危害；禁止陌生人入内或突然出现噪声而使亲鸽受惊。

② 取蛋。不论查蛋还是并蛋，需将蛋取出，取蛋时动作要柔和，切忌粗暴，并戴上线手套（以防啄伤）。取蛋时手心向下，手通过鸽的腹部，轻轻托起巢中亲鸽，再将蛋抓起，取出；放回蛋时，同样是手背

向上，抓住蛋，托起巢中亲鸽，将蛋放回鸽巢。

（3）照蛋 种蛋孵化以后，要拿出来照蛋检查（图3-10）。鸽蛋经过4~5天孵化后，可以进行第一次照蛋。将蛋对着电灯泡或电筒，如发现蛋内血管分布均匀，呈蜘蛛网状而且稳定，即是受精蛋；若蛋内血管分布不均匀，而且不呈现网状，蛋黄浑浊、血管分散并随蛋转动，即为死精蛋；若蛋内无血管分布，经过1~2天再检查，仍无血丝，即为无精蛋或胚胎受冻不能发育（视频3-4，视频3-5）。无精和死精蛋应中断孵化，从蛋窝中取走。孵到第10天进行第

图 3-10　照蛋
（许小飞　摄）

视频 3-4
扫码观看：孵化
5 天照蛋－抽蛋
留窝

视频 3-5
扫码观看：孵化 5
天照蛋－无精蛋

二次照蛋，在灯光下发现蛋的一侧乌黑，另一侧由于气室增大而形成空白，即为正常发育；若蛋内容物如水状，可摇动，壳呈灰色，即为死胚，丢弃处理。发育的胚胎蛋再孵 8 天后，幼雏便将蛋壳啄成一环状孔，随即破壳而出。

（4）哺喂 雏鸽出壳前2~3天，亲鸽开始为哺育幼雏做准备，进食量比平时增多。雏鸽出壳后，亲鸽的嗉囊在脑下垂体激素的作用下会分泌出一种乳状的特殊液体，叫做鸽乳，用来育雏。哺乳时，亲鸽和雏鸽嘴对嘴喂食（图3-11）。以后随着雏鸽发育长大，亲鸽逐渐改用食进嗉囊中已软化的饲料来灌喂。雌、雄鸽都能分泌鸽乳，共同哺乳。在育雏期间，如果亲鸽中有 1 只不幸死去，另 1 只仍能坚持哺育，直到雏鸽可以独立生活。也有个别不哺育的，可将幼雏放到大致同龄的雏鸽窝中寄养，让"保姆鸽"将它养大（图3-12）。

图 3-11　哺喂图

（卜柱　摄）

图 3-12　并窝饲养

（卜柱　摄）

（5）配对调换　鸽一旦配对成功后，对伴侣很忠诚，关系稳定。但在生产中途，其中一只死淘，而另一只身体健康、生产正常，就给它再次配对。通常都会配对成功，但也有极少数个体不接受重新配对，只能做淘汰处理。如生产中途公母鸽持续打斗，拆对重配。

如产鸽正常交配而连续产无精蛋，在排除双母配对的情况下，需及时调换公鸽。

（6）适当淘汰　如果某对产鸽生产水平太低时，就要淘汰。每年在换羽期、冬季春节前要淘汰老弱病残的产鸽，然后补充一些年轻的产鸽，调整整个生产群到较佳的状态，为下一个生产期打下良好的基础。

对经常产沙壳蛋、软壳蛋或不能孵化的小蛋、单蛋的母鸽需淘汰；经过两次配对都产无精蛋的母鸽需淘汰。对喜啄乳鸽的亲鸽淘汰。

（二）种蛋人工孵化产鸽的饲养与管理

种蛋人工孵化产鸽的饲养与管理基本与种蛋自然孵化产鸽的饲养与管理相同，唯一的区别就是种蛋由机器孵化。下面重点介绍鸽种蛋人工孵化的操作流程（图3-13）与管理。

1. 种蛋的管理（视频3-6）

（1）捡蛋　对生产鸽舍进行编号，鸽舍内的每对产鸽也进行编号。捡蛋时，在蛋上面用铅笔写上产鸽的编号。

视频3-6

扫码观看：种蛋管理

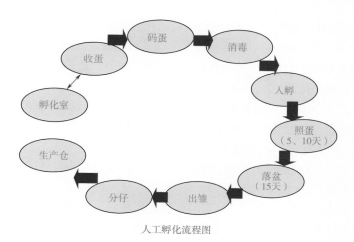

人工孵化流程图

图 3-13 人工孵化的操作流程

第一个蛋产下后，在生产记录纸上标记，然后用模型蛋换下种蛋，待第二个种蛋产下后捡走种蛋。为了提高生产效率，适应后期的"2+3"生产模式，当日产完两个种蛋的产鸽只选留 50% 继续孵化，其余 50% 的产鸽把模型蛋收走。对 3 天后仍不产第二个种蛋的，也算产蛋完成。

（2）收蛋（图 3-14） 每天下午为收蛋时间，饲养员将当天捡的蛋送至孵化室。饲养员每次送蛋到孵化室时，要抄取之前孵化的本鸽舍的无精蛋、死胚蛋的编号和数量，将以上数据记入生产数据表。

（3）种蛋的洁蛋、挑选和存放

① 洁蛋。因肉鸽的养殖方式所限，目前粪便污染的鸽蛋较多，有的带粪率高达 20% 以上，工人应首先把带粪的鸽蛋擦干净再挑选合格种蛋。

如果带粪的鸽蛋进入孵化器，在最适合的温、湿度环境下，粪中的细菌开始大量繁殖，久而久之，孵化器就成了一个细菌培养箱。细菌浓度达到一定程度时，从蛋壳缝隙进入鸽胚，鸽胚带着细菌孵成小乳鸽出壳了。带菌的小乳鸽在亲鸽的喂哺下与细菌一起成长，但最终小乳鸽不能耐过细菌对它的危害而死亡。这种由于孵化器污染造成死亡的乳鸽，其死亡日龄一般在 7~8 天。死亡的乳鸽肚皮发黑，把腹部剪开，其小肠上的卵黄蒂均未吸收，有的肝脏和肺部有沙门氏菌感染症状。如此时给种鸽饲喂治疗沙门氏菌的药物，死亡率会降低，但一停药又会反复。种鸽年龄越大、孵化机的使用时间越长，这种现象越严重。

② 挑选种蛋的蛋重符合品种标准，蛋形正常（过长、过圆剔除），剔除裂纹、砂皮、钢皮、畸形蛋。挑选种蛋时轻拿轻放。种蛋盘上贴标签，注明鸽舍、品种、收蛋日期。

③ 存放挑选后的种蛋。种蛋经紫外线灯照射半小时后进入蛋库，存放时间不超过 3 天。

（4）入孵前的准备　种蛋经烟雾或熏蒸后入孵。消毒方式：将蛋车推入消毒柜内进行消毒（图 3-15）。消毒液的配制：（甲醛 14 毫升 + 高锰酸钾 7 克）/ 立方米。熏蒸时间为 30 分钟。

从蛋库出来的种蛋需要在室温中平衡。

图 3-14　收蛋

（许小飞　摄）

图 3-15　熏蒸消毒

（许小飞　摄）

2. 人工孵化（视频 3-7）

（1）孵化

① 机器检查。种蛋入孵前，一般应提前 1 周将孵化室和孵化器进行彻底的清理和严格消毒。使用前检查孵化机和出雏机是否正常。首次使用前的试运转时间不少于 1 小时，以后每次使用前的试运转时间不少于 0.5 小时。校对孵

视频 3-7

扫码观看：人工孵化

化机和出雏机温度,控温灵敏度应达到 ±0.2℃范围内。机器运转正常,控制精准,方可准备进行正式孵化。

② 孵化方式。对中小鸽场,由于每天的种蛋数量有限,需要分批入孵,恒温孵化。新蛋放孵化箱上层、老蛋放下层,结合照蛋和出雏孵化的胚蛋按照入孵时间先后依次向下递推摆放。

大型鸽场最好采用变温孵化,即根据胚龄将种蛋调整到温度设置不同的孵化机。

③ 温度控制。温度是胚胎发育的首要条件,应根据不同地区的气候和环境温度来调节孵化机的温度。孵化机温度应保持在38.0±0.2℃。变温孵化推荐的孵化温度设置见表 3-1。

表 3-1 变温孵化温度设置

孵化天龄/天	1~5	6~15	16~18
孵化温度/℃	38.5	38.0	37.5

每天定时巡查和登记孵化机和出雏机门表温湿度,每天至少两次对比孵化机、出雏机电子显示温度与门表温度的差别,每个月定期用温度计测量孵化机的温度,出现异常及时校正。孵化机维修、维护后应进行温度检测校正。

孵化室应保持温度与湿度相对稳定:温度 20~30℃,湿度55%~70%,有专门的通风口。

④ 湿度控制。孵化机湿度控制在 45%~55%,出雏机控制在50%~60%,在空气较为干燥的情况下,可用加湿器辅助加湿。

⑤ 通风控制。种蛋孵化前期需氧量较少,然后逐渐增加。应随胚龄增大而增加通风量,保证孵化室和孵化机内通风换气正常,空气新鲜。

冬季天气寒冷,应减小孵化机和出雏机的通风量;夏季天气炎热,应增加孵化机和出雏机的通风量,并加大孵化室内外的空气流动。

⑥ 翻蛋。孵化机的自动翻蛋设置为每 1.5~2 小时翻蛋一次。

⑦ 应急操作。停电应急处理:孵化室最好备有自用电源,保证不断电。如无备用电源,停电后不要打开孵化器,提高环境温度。

视频 3-8

扫码观看：孵化机
孵化、照蛋管理

（2）照蛋　孵化 5 天后进行第一次照蛋，10 天后进行第二次照蛋。照蛋前先准备照蛋器、蛋架，取出要照的蛋盘，放于蛋架上，用照蛋器逐个照，将无精蛋和死胚蛋剔除，并做好登记。

孵化机孵化、照蛋管理见视频 3-8。

如果受精率和死胚率正常，照蛋后直接将蛋盘放回；如果无精率和死胚率过高，可适当合并后放回，做好标记。

胚胎发育见图 3-16。

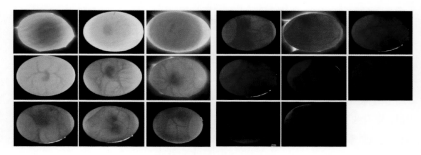

图 3-16　胚胎发育图

（3）落盘（图 3-17）　准备好已清洗、消毒好的出雏盘。从孵化机中取出要落盘的蛋盘，将鸽蛋放入出雏盘内；落入出雏盘内的蛋摆放间隔应适中，以保证通风正常。每个出雏盘上需贴上标签，注明鸽舍、批次、入孵时间、品种名称。如有不同，需有效分隔。

落盘到出雏盘内的胚蛋熏蒸消毒 10 分钟［（甲醛 14 毫升 + 高锰酸钾 7 克）/ 立方米］。消毒完毕后将出雏盘搬入出雏机内。

（4）出雏（视频 3-9）　出雏机温度应保持在37.2~37.5℃。出雏室温度应控制在 20~30℃。

孵化至第 18 天捡雏，上午和下午各捡雏 1 次，未出雏的蛋继续孵化，第 19 天上午再捡雏 1 次。第

视频 3-9

扫码观看：出雏

20天清理出雏机，登记死胚蛋。

（5）接雏 接雏鸽的篮子需保持清洁，经常消毒。雏鸽接到后要注意保暖，谨防挤压（图3–18）。领到雏鸽后及时送往鸽舍，替换已经孵够18天的模型蛋。

图 3-17 落盆

（许小飞 摄）

（6）做好孵化记录 记录入孵蛋数、出雏数、温度、湿度、无精蛋和死胚蛋数量情况，记录应准确、完整。可及时发现种蛋受精率情况；便于统计孵化成绩，总结经验；加强考核。

（7）孵化期间的清洗消毒（见视频3–10，图3–19） 孵化用的蛋来自每栋鸽舍，雏鸽需送往每栋鸽舍，作为养殖场的核心运转区域，保持清洁，做好防疫对整个养殖场的疫病防控至关重要。

视频 3-10

扫码观看：车间消毒

图 3-18 接雏

（许小飞 摄）

图 3-19 清洗消毒

（许小飞 摄）

① 饲养员进入孵化区（孵化室）需经过消毒池，喷雾消毒。

② 每天收蛋结束后场地需紫外线消毒2小时。

③ 落盘结束后，空下来的孵化机、蛋盘需冲洗、消毒、晾干。

④ 出雏结束后，出雏机、出雏盘需冲洗、消毒、晾干。

3. 模型蛋的使用

鸽子只有在孵化的刺激下，才能分泌鸽乳，所以即便是种蛋采用人工孵化，依然要有亲鸽继续孵化模型蛋（模仿鸽蛋做的仿真蛋）。而且为了保证雏鸽出壳后刚好有 0 日龄的鸽乳可以吃，所以继续孵化模型蛋的亲鸽依然要孵化 18 天。

每天种蛋捡拾的过程中，要根据当天产蛋的情况和用模型蛋替换种蛋让部分亲鸽继续孵化。算法一般为：孵化模型蛋亲鸽对数 =(种蛋数 ×0.75) / 亲鸽准备哺喂雏鸽的数量。孵化模型蛋的亲鸽通常也会继续承担哺喂雏鸽的任务，所以孵化两次模型蛋后让其休息一次，以保证良好体况。

（三）双母蛋鸽的饲养管理

为了满足市场对鸽蛋的需求，目前采用将两只母鸽同置一笼进行饲喂，以产鸽蛋为目的。要达到高产，需要做到以下几点：

1. 选好产鸽

① 目前我国还没有专用的蛋鸽品种。肉鸽场把最高产的 25% 的产鸽的后代留作蛋鸽使用。按目前的产生技术水平，选出每月产 ≥ 4 个蛋的雌性产鸽作为蛋鸽。

② 换毛期选种：选择换毛期间不停产蛋的高产鸽的后代作为蛋鸽。每只鸽蛋在 22 克左右为宜，将产蛋过大（28 克 / 个以上）或过小（17 克 / 个以下）的鸽淘汰。因为产蛋过大形成蛋的周期过长，很难实现高产，产蛋过小售价低。

2. 早期雌雄鉴别

乳鸽饲养至 14~28 天时，采用生物技术方法开展早期公母鉴别，母鸽留作商品蛋鸽，公鸽作商品乳鸽处理；使用羽色自别的雌性后代作为蛋鸽使用。

3. 双母配对

将 2 只达到配对日龄的青年母鸽放入 1 个笼内进行配对，配对2~3 天后，如 2 只母鸽不打斗，则表示配对成功。由于鸽子具有较强的公母配对的生理特性，因此当 2 只母鸽放在一起时，容易产生对啄等打斗动作，如发现2只母鸽放在同一笼中出现打斗现象时，表示这对母鸽强制配对失败，应进行重新配对。

4. 及时捡蛋

在蛋鸽产下第2个蛋后一并取出。对捡出的鸽蛋稍做检查，如有污染及时清理，对有破损的和沙壳蛋需单独处理。

5. 科学配料

双母蛋鸽只产蛋，无孵化和哺育任务，所需营养素浓度有别于带仔亲鸽。需要注意钙和磷的需求（推荐配方见表3-2、表3-3）。

表3-2　双母拼对蛋鸽饲料推荐配方一：全价颗粒料

原料	每千克饲料中含量/克	预混料	每千克饲料中含量/克
玉米	663	氯化胆碱	0.3
豆粕	168	植酸酶	0.15
小麦	100	维生素E（生育酚）	0.15
磷酸二氢钙	12	硫酸黏菌素	0.1
石粉	35	复合维生素	0.35
沸石粉	1.65	微量元素预混剂	2
盐	4	赖氨酸	1.3
预混料	6.35	大蒜素	0.1
豆油	10	乙氧基喹啉	0.4
总计	1000	蛋氨酸	1.5

表3-3　双母拼对蛋鸽饲料推荐配方二：原粮＋颗粒料

（玉米45%~55%，小麦10%~15%，浓缩配合料35%~40%）

浓缩配合料	每千克饲料中含量/克	预混料	每千克饲料中含量/克
玉米	458	赖氨酸	1.00
小麦	100	蛋氨酸	1.80
DDGS	30	氯化胆碱	1.20

浓缩配合料	每千克饲料中含量/克	预混料	每千克饲料中含量/克
豆粕	320	植酸酶	0.20
盐	5	维生素E	0.20
石粉	45	复合酶	0.50
磷酸氢钙	20	硫酸黏菌素	0.20
油	10	多维拜固舒	0.50
沸石粉	1	微矿	5.00
预混料	11	乙氧基喹啉	0.40
总计	1000		

（四）换羽期的饲养与管理

1. 换羽期的生理特点

每年的8~10月份是鸽换羽期，此时产蛋少或停产。最明显的特征就是鸽体羽毛开始脱落，鸽舍内地面羽毛和粉屑较多。旧的羽毛脱落后，逐渐长出新的羽毛（图3-20）。

2. 营养

饲料中需要注意含硫氨基酸的补充，以帮助鸽只尽快长出新的羽毛（图3-21）。

图3-20　换羽期种鸽

（卜柱　摄）

图3-21　适时补充精料

（卜柱　摄）

3. 整群

对换羽期停产的、老弱病残鸽挑出淘汰，部分单只鸽重新配对，做一次全群的整理，将老鸽子集中放出，空出的笼位补放新鸽子。更换生产记录纸。

三、育种产鸽管理的特殊要求

1. 核心群（家系）的建立（图 3-22）

在整个育种工作中，最核心的部分就是建立家系，测定生产性能，不断选育和提高。家系的建立方式可以根据自己场的实际情况确定。

由一对亲鸽及其繁育的后代构成一个家系。一个家系内同父同母的个体为全同胞。

建议家系建立的方法：本家系组建方法为单父本家系，每个家系由 3 对鸽子组成观测群，选一对鸽子的后代公鸽继代繁殖。

图 3-22　核心群家系建立
（卜柱　摄）

（1）零世代　针对新品系的选育目标，在基础群选择生产性能较好的 150 对左右留种（已配对成功），组建核心群。

（2）一世代　在零世代每对种鸽后代中选留 3 公 3 母。每只公鸽与其他家系的母鸽（3 只母鸽来自不同家系）随机配对。每个家系由 3 对鸽子组成父本家系。

（3）二世代　在选留后的一世代家系内，最终在 1 对亲鸽的后代中选留 3 只优秀的公鸽，在整个家系内选留 3 只母鸽，以避免近交的家系间随机交配，公母鸽配对。每个家系仍由 3 对鸽子组成。

（4）三世代及以后　方法同二世代。

2. 生产方式的要求

在生产性能测定期间，为了获得准确的数据，采用自然孵化、亲鸽哺喂的生产方式，不并蛋、拼仔。扩繁阶段，在雏鸽戴好脚环的情况下可以拼仔。育种产鸽一旦开始生产性能记录，不再重配；淘汰以对为单元，其中一只死亡，另一只也淘汰。

3. 生产性能记录

育种工作的基础是准确与完善的数据记录，以生产记录统计出的生产性能是选择的依据。每个生长阶段需记录的数据如下：

（1）童鸽期　转入数、死淘数、每日喂料量、转出数。

（2）青年鸽期　转入数、死淘数、每日喂料量、转出数。

（3）配对期　22 周龄体重。

（4）产鸽期　①每只母鸽的开产日龄、每对产鸽的开产体重（分公母）、抽称产鸽的 52 周龄体重（分公母）、抽称产鸽的 83 周龄体重（分公母）。②生产性能记录表记录的信息：笼号、公鸽脚环号、母鸽脚环号、产蛋日期、产蛋数、受精蛋数、死胚蛋数、每只乳鸽的性别和 28 日龄体重及其他需要备注的情况等。③鸽舍生产日志表记录的信息：鸽舍号、日期、存栏量（对）、死淘数，喂料量、出栏乳鸽数和其他需要备注的情况等。

第五节　乳鸽的饲养与管理

作为晚成鸟，雏鸽出壳后需要依靠亲鸽哺喂鸽乳才能生存，所以把 1~28 日龄的雏鸽称为乳鸽。乳鸽新陈代谢旺盛，生长速度极快，28 日龄乳鸽是 0 日龄乳鸽体重的 30 倍，28 日龄乳鸽体重已达到成年鸽体重的 85% 左右。0~14 日龄的雏鸽不会自己采食和饮水，完全依靠亲鸽哺喂。才出壳的雏鸽体表没有羽毛，需要亲鸽为其保温。15 日龄的乳鸽体表羽毛基本长出，可以放置到产鸽笼的底网上，也会尝试自己饮水和采食，但主要还是依靠亲鸽哺喂。

一、商品乳鸽的饲养与管理

（一）亲鸽哺育的饲养与管理

1. 拼仔

不论是自然孵化还是人工孵化，雏鸽出壳后，为了提高产出，让部分产鸽尽早进入下一个产蛋周期，则由部分已经承担了孵化任务的产鸽一次哺喂 3 只乳鸽，这样的技术称为"拼仔"（视频 3-11）。部分地区乳鸽上市日龄较早或气温较高也会一次哺喂 4 只乳鸽，简称为"2+3"或"2+4"生产方式。乳鸽中途

视频 3-11

扫码观看：拼仔

有死淘，或亲鸽不愿哺喂乳鸽，都可以调拼。拼仔的原则是：乳鸽日龄差不超过 ±1 天、体重接近；亲鸽健康；乳鸽发育正常。

为了保证拼仔后健康成长，对亲鸽需要增加喂料量，适时补料；乳鸽多，亲鸽吃得多、喝得多，排泄物多，环境容易恶化，必须加强清粪、通风、排湿、消毒，保持良好的环境极其重要。

拼仔可以提高产量，但以 2+3 模式较为适宜，2+4 模式对亲鸽的消耗过大会缩短产鸽使用年限。冬季天气寒冷时，最好就使用 2+2 模式。对承担 1~2 次孵化和哺喂任务的亲鸽，休息 1 次（只产蛋），让其休养生息。

2. 调位

自然孵化时，先出壳的那只乳鸽常常长得较快，另一只偏小。另外，亲鸽每次哺喂乳鸽时先喂哪一只后喂哪一只有一定顺序习惯。所以，在同一窝的乳鸽大小差异较大。

遇到上述情况，应在 6~7 日龄乳鸽站立前，把它们在蛋窝中的位置互相调换，这样亲鸽按秩序可先喂小的乳鸽，从而使小的生长速度赶上大的（视频 3-12）。待乳鸽会行走时才发现体重差异，应采用并窝方法。

3. 适时下窝

14~15 日龄的乳鸽，体重增加了很多，全身羽毛也已长出，能自行活动，可以捉离蛋窝，放在产蛋笼底网上饲养。在笼底部放一块约 30 厘米 ×30 厘米

视频 3-12

扫码观看：调仔

的麻布、油毡或塑网，让乳鸽慢慢地适应网上生活而不至于扭伤腿脚、关节，并随时清除垫板上黏稠的粪便。

乳鸽下窝的同时，更换蛋窝内的垫布，为亲鸽产下一窝蛋做准备。

4. 及时出栏

一般乳鸽生长至25天以上时，体重已达到上市的水平。其翅膀下的毛（最后长出的毛）刚刚长到较易拔下的程度。此时的乳鸽肌肉水分、肌内脂肪含量高，烹调后口味极佳。这时亲鸽哺喂乳鸽的次数也明显减少，如不及时出栏乳鸽因不主动采食会体重下降。一般商品乳鸽最迟28日龄出栏。乳鸽出栏后，下一窝乳鸽也即将出壳。

5. 羽毛的生长

乳鸽出壳6~7天时可见到羽毛。有色羽毛在其穿出皮肤前即可看到。不过偶尔可见纯白鸽子有深色的皮肤、腿和喙。乳鸽的羽毛生长速度与饲料的营养水平及增重速度关系密切。5周龄以前，鸽子的大羽毛长得较快，3周龄以前最快，以后就减慢。9周龄时，幼鸽的羽毛长度还达不到成年鸽的羽毛长度，必须在换羽后重新长出新的羽毛时才能达到。

（二）乳鸽分阶段饲养与管理

乳鸽分阶段饲养，即乳鸽"0~18天"亲鸽哺育、"19~28天"由人工饲喂乳鸽自由采食的两阶段饲喂法。该方法在乳鸽19~28天彻底将亲鸽和乳鸽分隔开，颠覆了传统模式乳鸽被动用药的局限，解决了乳鸽药残无法控制的问题；同时缩短哺喂时间，提高亲鸽产量。

1. 亲鸽哺喂阶段

饲养管理同亲鸽哺喂乳鸽。

2. 独立采食阶段

（1）乳鸽的选择　乳鸽健康，体重达标（成鸽体重的60%~70%），羽毛基本长齐（图3-23）。对弱小、精神不佳的乳鸽由亲鸽继续哺喂。

图3-23　乳鸽的选择

（卜柱　摄）

（2）饲料的配制（表3-4、表3-5）

表3-4 19~28天乳鸽配合饲料营养水平

类别	代谢能/ （兆焦 /千克）	粗蛋白 /%	钙 /%	总磷 /%	粗脂肪 /%	赖氨酸 /%	蛋氨酸 /%	粗纤维 /%	粗灰分 /%	食盐 /%
配合 饲料	12.5	19.5	1.3	0.5	3.0	0.9	0.4	4.0	9.5	0.4

表3-5 19~28天乳鸽配合饲料推荐配方

单位：%

类别	玉米	豆粕 （43% 粗蛋白）	大豆 油	石粉	磷酸 氢钙	氯化 胆碱	蛋氨 酸	禽用微量 元素预 混剂	禽用维 生素预 混剂	食盐	其他（功能性 添加剂）
配合 饲料	60.0	34.3	1.0	2.5	1.0	0.1	0.1	0.2	0.1	0.4	0.3

（3）管理

① 断食。19日龄的乳鸽转移到乳鸽舍后，先断食1天。

② 饲喂。第20日龄，以潮拌料的形式，将乳鸽料撒到开食盘上，开食盘放到笼内，让乳鸽自由采食。等乳鸽都会采食后，撤走开食盘，改为料槽饲喂。饲料少喂勤添，如有粪污及时清理（若开食当天在群体中适当放入一些断食1天的青年鸽诱导采食，效果会更佳）（视频3-13，图3-24~图3-26）。

图3-24 开食盘开食

（常玲玲 摄）

视频3-13

扫码观看：青年鸽诱导采食

图 3-25　青年鸽诱导采食

（常玲玲　摄）

图 3-26　乳鸽自行采食

（常玲玲　摄）

③ 饮水。自由饮水，保证饮水清洁。19~20 日龄为降低应激，饮水内加入电解多维。

④ 设施设备。

a. 保育笼：为了便于操作，一般保育笼（图 3-27、图 3-28）脚高 75~85 厘米，每个笼长 3~3.2 米，深 50~60 厘米，高 20~30 厘米，可分成 6 格，每格可饲养乳鸽 6~8 只（夏天宜少放，冬天可适当多放）。

图 3-27　传统保育笼

（卜柱　摄）

图 3-28　现代保育笼

（梁博　摄）

b. 喂料设备：为了便于乳鸽采食，20~22 天建议采用开食盘；23~28 天逐渐过渡为料槽或行走喂料机（图 3-29~ 图 3-31）。

c. 饮水设备：为了便于乳鸽饮水，19~22 天建议采用雏鸡用饮水器；23~28 天逐渐过渡为自动饮水杯或乳头饮水器（图 3-32~ 图 3-34）。

图 3-29 开食盘

（卜柱 摄）

图 3-30 料槽

（卜柱 摄）

图 3-31 行走喂料机

（卜柱 摄）

图 3-32 水槽

（卜柱 摄）

图 3-33 自动饮水杯

（卜柱 摄）

图 3-34 乳头饮水器

（付胜勇 摄）

⑤ 环境控制。乳鸽舍温度应不低于 20℃，保持空气清新、环境清洁。

二、留种乳鸽的饲养与管理

1. 生产方式

同育种产鸽。

2. 血缘清晰

（1）脚环　乳鸽在 15~20 日龄时佩戴不易脱落的脚环，脚环上有唯一的编码。编码可以根据育种工作需要设置品系代码、代次、家系号、个体号等信息。

（2）系谱记录　系谱记录是为了明晰每只鸽子的血缘。只有做好系谱记录才能在优秀产鸽选出后找到其后代作为后备种鸽；另外在下一代配对时才可以避免近亲交配。

做系谱记录就是记录每对育种产鸽的脚环号，同时记录其后代的性别与脚环号。每个育种个体都可以追溯自己的血缘。

3. 性别鉴定

为了保证童鸽、青年鸽、配对阶段不同性别鸽子的适当留种率，留种乳鸽和青年鸽采用分棚饲养。育种雏鸽都要做性别鉴定，目前通常采用分子鉴定方法。

PCR 扩增性别相关基因方法是鉴定鸟类性别的一种非常方便和有效的方法，目前已广泛应用于各种珍稀禽类、经济动物品种的性别鉴定当中，它具有灵敏性高、采样量少、样本纯度要求低、对动物伤害小的优点。目前在鸽子性别鉴定中最具应用前景的是基于鸽染色体连锁基因——染色体螺旋蛋白 CHD 和 EE0.6（0.6kb-*EcoR*I-fragment）基因设计的特异性引物进行 PCR 扩增，具体在操作中仅需于乳鸽 15 日龄左右采其羽毛，将羽毛前端带血肉部分剪下，提取该部分 DNA 样本，与引物及相应试剂混合于 PCR 仪器中进行扩增反应。结果如图 3-35、图 3-36 所示。

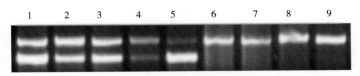

图 3-35　PCR 扩增结果（一）

　　图 3–35 针对鸽子 CHD 同时具有 Z 型和 W 型连锁、其外显子序列和大小相似而内含子大小差异较大的特点，设计特异性引物，利用 PCR 方法进行特异性扩增。雌性个体可扩增出两条带，而雄性个体仅有一条带。图中 1~5 样本个体为雌性，6~9 样本个体为雄性。

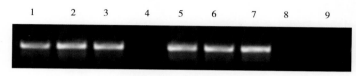

图 3-36　PCR 扩增结果（二）

　　图 3–36 针对 EE0.6 序列在鸽子 Z、W 染色体上均有同源序列但序列差异很大的特点，在其保守端设计特异性引物，雌雄个体可扩增出一条带，而雄性个体无扩增条带。图中 1~3 和 5~7 样本个体均为雌性，4 和 8、9 样本个体为雄性。

　　4. 免疫

　　（1）14 日龄　鸽痘活苗翼膜冲刺接种 2 头份 / 只。

　　（2）28 日龄　鸽新城疫灭活苗肌内注射 0.3 毫升 / 只 + 活苗 2 羽份 / 只滴鼻点眼。

第六节　应激对肉鸽养殖业生产的危害

　　鸽应激是指鸽子对外界刺激因素所产生的非特异性反应，能引起机体或精神紧张的物理、化学或精神因素，并可引发疾病的一种症候群，如运输、转群、注射、过冷、过热、噪声等都可对鸽子产生应激。根据应激来源不同，一般把应激分成生理性应激、环境性应激和社会性应激三类，又可分为自然因素、人为因素和疾病因素引起的应激。生产中鸽群每天都遇到各种轻微的应激，鸽只可以自身调节，不致影响生理表现和造成经济损失。但如果应激因素很严重，且持续时间较长，鸽体内储存的原本用来生长、产蛋、免疫的营养物质都用来对付应激，这样鸽的生产性能和免疫功能就会下降，严重时可引发疾病，给养鸽生产造成严重的经济损失。应激可使鸽日增重降低28%左右，使产蛋率下降34%左右。

鸽子具有喜干燥、怕潮湿，喜清洁、怕污秽，喜安静、怕惊扰等特性，因此生产中应采取措施择其所好、顺其所性、废其所恶，使鸽不处于严重或太多的应激条件下。

一、当前鸽场存在的应激源

在当前规模化、集约化的鸽场中，常见的应激源有惊吓、驱赶、拥挤、混群、斗殴、捕捉、运输、转群、噪声、温度、湿度、震动、通风、营养状况、饲养操作、换料、光照、防疫接种、疾病感染等。在实际生产中，各种各样的应激源会使鸽群产生或强或弱的应激反应，并最终影响鸽正常生产性能潜力的发挥。其中，以高热、温度忽冷忽热、营养不良、疾病感染及防疫接种给养鸽业带来的经济损失最大。

二、温湿度应激因素对养鸽业带来的影响

在所有影响鸽生产性能的外界因素中，温湿度是比较重要的，温湿度的剧烈波动会导致鸽群发生应激反应，严重时会使鸽发生代谢紊乱。由于鸽无汗腺，在夏季持续的高温应激中，鸽子通过呼吸频率和血液循环加快以促进散热。鸽子在高温高湿环境中，呼吸频率提高78%，使氧化作用加强，脂肪、蛋白质分解加快，产热量增加，导致呼吸供氧不足。由于消化道的蠕动加强，胃液、肠液、胰液的分泌，肝糖原生成等受到破坏，使胃肠消化酶的作用和杀菌能力减弱，呼吸道、黏膜抵抗力及肝脏解毒功能减弱，鸽子热平衡被破坏，抵抗力下降，易引发疾病。

当环境温度高于33℃，种公鸽的精液质量随之降低，精液中精子数减少，活力降低，品质差的精液能够影响鸽蛋的受精率。当夏季高温应激后7~14天开始，公鸽精液品质下降。一般高温后7~8周精液品质才能恢复正常，同时高温还能使公鸽的性欲降低。

高温对母鸽的发情、配种都有一定的影响，同时，热应激造成哺乳母鸽摄食量低下、营养不足、产乳量下降、乳汁变酸，鸽乳中免疫球蛋白含量较低，导致乳鸽免疫力差，易引发疾病。

三、营养应激对养鸽业带来的影响

营养不良或过剩都对鸽功能产生不利影响。长期营养不良将导致促肾上腺皮质激素和皮质类固醇激素的分泌不足，机体对疾病的抵抗力下降，易感性增加。此外，鸽采食不足或处于半饥饿状态下时，会降低胃液分泌和减缓胃肠蠕动。胃液分泌过少，对蛋白质、脂肪和碳水化合物的消化不彻底，引起消化紊乱，致使胃肠道中腐败菌迅速增殖，小肠微生物群落发生改变而引起腹泻使鸽子消瘦，鸽的抵抗力下降，易感性增加。乳鸽防御机制不健全，更易受到营养应激。

四、疾病感染应激对养鸽业带来的影响

疾病使鸽子产生的应激可能是最大的，随着饲养业集约化程度的不断加深，各种疾病暴发的频率和强度大大增加。疾病可能会直接导致各种鸽采食量下降、生长速度减缓或体重下降，机体免疫应答能力降低，抵抗力、生产性能下降，严重者会引起大批量死亡。在鸽子发生疾病时，投放的药物也可能会产生较强的应激反应。

五、防疫应激对养鸽业带来的影响

防疫过程中采血、接种、打针和灌药等也会引起鸽子应激。养鸽生产中防疫是不可避免和必不可少的，防疫多采用喷雾或饮水接种，这些接种方法可以把应激降到最低。

在养鸽生产过程中尽可能保持各种环境因素适宜、稳定或渐变，按操作规程要求进行日常饲养管理。注意饲养密度要适中，并给鸽群提供足够的饮水，接近鸽群时给予信号，免疫接种和打针用药时尽可能在晚间弱光下捉鸽，并轻拿轻放；谢绝参观人员和其他

工作人员进入鸽舍；换料要渐进性进行，尽量避免突然更换饲料；注意天气预报，对热浪或寒流要及早预防。当预知鸽群将处于逆境时，饲料中可加倍供给维生素 A、维生素 E 和适当添加抗生素及抗应激药。通过以上措施尽量减少或避免应激对鸽子生产的影响，提高养殖效益。

第四章

肉鸽疾病
与
防治

第一节　鸽病综合防制技术

一、传染病的基本概念

凡是由病原体引起，具有一定的潜伏期和临床表现并具有传染性的疾病。

二、构建生物安全体系

鸽相较于其他禽类具有较强的抵抗力，疾病的感染发生率及死亡率较低。2020 年农业农村部正式发布《国家畜禽遗传资源目录》，首次明确了鸽为传统畜禽，这将更大程度地推进继鸡、鸭、鹅后第四大家禽养殖业——肉鸽行业的快速发展。然而，随着鸽业集约化发展、肉鸽饲养方式的改变以及信鸽比赛等，使得鸽疫病风险增加，并且鸽场疫病开始复杂化，这都制约了养鸽业的发展。因此，构建鸽场生物安全体系、确保肉鸽养殖环境和鸽群的安全、预防鸽病的发生，是提高肉鸽养殖效益的关键。

（一）环境卫生控制

1. 饲料卫生

鸽主要采食玉米、豌豆、小麦等原粮，除满足营养全面外，还需要保证新鲜清洁，这对于鸽的健康生长至关重要。清洁饲料是指饲料中不含污染物、病鸽粪便及其他病原微生物等的饲料；新鲜饲料是指饲料储藏时间不长且无发霉腐烂的饲料。鸽子在采食了发霉的玉米、小麦等饲料后会造成腹泻，严重时导致死亡。

2. 饮水卫生

鸽体内含水量在 50%~60%，每只每天饮水量为 50~60 毫升。环境和温度不同，肉鸽的饮水量不同，笼养式肉鸽比平养式肉鸽饮水量多；夏季天气炎热，鸽的饮水量也相对较多。当鸽饮水不足时会引起代谢障碍、食欲下降，影响生长。鸽饮用水也可以用自来水或井水，但一定要保证干净无污染，否则会导致鸽感染疾病，甚至死亡。夏季为了预防传染病和寄生虫病，可在饮水中加入万分之一的高锰酸钾，也可加入预防和治疗腹泻的中草药制剂泡水饮服。

3. 用具卫生

饲料槽、水槽、保健砂杯等要经常清洗，尤其是在夏季。料桶、扫帚等流动性较大的用具容易传播病原体，平时用毕除了勤洗刷外，还应经常放在阳光下照晒消毒。

4. 环境卫生

肉鸽场禁止饲养其他家禽，防止疾病交叉感染，并定期用无毒或低毒杀虫剂予以杀虫、灭鼠，防止该类动物携带病原。蚊虫叮咬是鸽痘传播的主要途径，在每年春夏季节做好灭蚊工作。老鼠、蟑等可传播副伤寒等各种疾病，应予以消灭。场内根据实际情况做好绿化工作。

（二）加强饲养管理

1. 鸽舍环境管理

加强鸽舍内小环境控制，配备通风、温控和光照设备，夏季防暑降温，冬季保温防寒。在极端干燥和潮湿的环境，鸽会产生应激，诱发疾病，因此要保证鸽舍内较适宜的湿度，鸽舍内的相对湿度一般保持在 40%~60% 为宜。光照时间过长、光照强度过高以及光照时间无规律等易导致鸽群疲劳、抗病力下降以及诱发啄癖等，因此鸽舍内要保证光照适宜。

2. 免疫接种

免疫接种是有效预防动物疫病暴发与流行的重要措施，也是打造养殖场生物安全体系的关键点。鸽场应根据当地疫病流行规律拟定和执行定期预防接种和补种计划。定期检疫种鸽，及时淘汰垂直传播病原的病鸽。

3. 科学合理用药

农业农村部发布的第 194 号公告提出：为了维护我国动物源性食

品安全和公共卫生安全，决定停止生产、进口、经营、使用部分药物饲料添加剂，并对相关管理政策作出调整。饲料"禁抗"实际上是禁止在饲料中添加11种具有预防动物疾病、促进动物生长作用的抗生素或合成抗菌药，因此，要有针对性地科学合理合法用药。对于肉鸽群流行的毛滴虫病、大肠杆菌病及沙门氏菌病等要筛选替抗的中草药及其他制剂联合用药，同时注意休药期。

4.引种安全

鸽场传染病的发生往往是引入的种鸽携带病原，引种后病鸽将病原传染给健康鸽，因此在引种时，要确保品种来源清楚、检疫合格，严格实行全进全出的管理制度。注意引种安全，引种前应事先了解引种地疫病流行情况及鸽子卫生防疫措施，对引种场进行资质考查，对引入种鸽需做免疫学检查后引种，从外地购来的种鸽不要立即合群，一定要先隔离饲养20~30天，经观察检疫确认无病并经过消毒后方可进入生产区。建议在品种性能稳定的规模化鸽场，通过检疫淘汰等手段建立健康且生产性能优良的核心种鸽群，以防止引种带来传染病的危险。

（三）鸽场、鸽舍的卫生

（1）鸽场入口处要设有消毒池，对进厂车辆进行消毒，生产区、鸽舍入口处设置消毒间，对进出场人员进行喷雾消毒或淋浴，消毒药液要经常交替更换使用以保证药效（图4-1~图4-5）。

图4-1　一级消毒池（车辆进出生产区）
（卜柱　摄）

图4-2　二级消毒池（车辆进出鸽场）
（卜柱　摄）

（2）限制外来参观者　非鸽场工作人员和车辆不得随便进入，如必须进入者须经严格的消毒后方可进入。场内工作人员进出生产区要更换外套与鞋子，并经消毒间更衣消毒。各鸽舍工作人员不可随便走动，舍内用具也应固定使用。

图4-3　三级消毒池（工人进出鸽场）
（卜柱　摄）

（3）鸽场工作人员不能在外面从事家禽养殖活动，也不得从外面购买病死畜禽，以防传染病的传入。

图4-4　工人进入
鸽场喷雾消毒图
（卜柱　摄）

图4-5　工人进入
鸽场洗手消毒
（卜柱　摄）

（4）鸽场内不得混养其他家禽或家畜，并尽可能地杜绝野禽进入鸽场。

（5）每日及时清理粪便及污物，污水、粪坑要定期下药杀灭蚊蝇，污水沟要经常疏通。保持鸽舍清洁，鸽舍周围应经常打扫，及时清除杂草。鸽舍要保持通风、干燥和阳光充足。鸽舍及巢箱定期消毒。鸽舍的门窗应有防鼠设施。

（6）尸体、粪便的无害化处理

人员进出公司消毒见视频 4-1、进入更衣室消毒见视频 4-2、场区道路消毒见视频 4-3。

视频 4-1　　　　　视频 4-2　　　　　视频 4-3

扫码观看：人员进出　　扫码观看：进入　　扫码观看：场区
　　公司消毒　　　　　更衣室消毒　　　　道路消毒

三、建立严格的消毒管理制度

（一）消毒的基本概念

消毒是指杀死病原微生物，但不一定能杀死细菌芽孢的方法。

（二）消毒的目的及意义

鸽场消毒的目的是将外界环境中散布的病原体消灭，以切断传染病传播途径，防止鸽病蔓延，对于预防鸽病发生具有重要意义。

（三）消毒药品的选择

鸽场需采用不同类型的消毒制剂进行消毒，以起到杀灭病原微生物的作用。目前，使用的消毒药品有氢氧化钠（烧碱）、过氧乙酸（醋酸）、甲醛（福尔马林）、来苏儿、漂白粉、消毒净、季铵盐、氯制剂、碘制剂、消毒灵（度米芬）等。

（四）消毒药用量

消毒药的用量要适宜，浓度较低达不到消毒的目的，而盲目加大浓度，会造成药物残留，对鸽也有副作用，同时也会增加成本支出。因此，应合理选择合适的浓度、标准配比、规定时间，科学合理消毒，以确保消毒的效果。

（五）消毒方法的选择

消毒方法包括物理消毒法、化学消毒法和生物热消毒法。鸽场最常用化学消毒法来达到消毒的目的。消毒手段包括平面消毒和立体消毒两种。平面消毒是对地面及各种器具等表面消毒，而立体消毒则是对整个空间的消毒。在鸽舍内，应使用过氧乙酸等具有较强挥发性的消毒药品给鸽进行立体消毒，另外，鸽舍外环境消毒也尤为重要，舍内外进行完全消毒才能彻底阻断病原微生物的传播。

（六）鸽场的消毒制度

（1）平时应定期进行预防性消毒，每周至少1次（视频4-4）。

（2）一旦发现鸽群发病，则应立即对鸽舍、用具、物品进行全面彻底的消毒。

（3）带鸽消毒：可选择对鸽子无毒害的消毒剂对鸽子身体进行消毒。

视频4-4
扫码观看：鸽舍
定期消毒

（4）初建的鸽舍可密闭后作一次彻底的熏蒸消毒。

（5）鸽舍周围的地面可用漂白粉播撒，对有混合聚集的草窝可用火烧。

（6）鸽子注射用的针管、针头、解剖器械可用1%的Na_2CO_3溶液煮沸消毒。

（7）鸽场及生产区大门口设消毒池，车辆进出大门须从消毒池中经过。

四、鸽病的诊断

（一）临床诊断

病鸽的临床检查是正确诊断鸽病的重要手段，首先是对病鸽的外部进行检查，如体态、皮肤、羽毛、天然孔等。初步诊断之后，应对消化系统、呼吸系统和运动功能等再做进一步细致的临床检查。

1. 外部检查

（1）体态检查　病鸽大都离群独处，精神欠佳，不爱活动，眼无神，呼吸加快，呼吸时喘鸣或从喉头气管发出异常声音，减食或不食，狂饮水或不哺育幼鸽等。

（2）皮肤、羽毛和体温检查　主要观察皮肤的颜色，表皮有无损伤、出血、丘疹及肿瘤等。病鸽羽毛松乱、无光泽。鸽子正常体温范围是 40.5~42.5℃，除捕捉和烈日照射引起体温升高外，鸽霍乱、肺炎和丹毒等都可以引起鸽子体温升高。

（3）眼睛检查　观察双眼有无分泌物，结膜是否潮红或苍白，角膜有无浑浊、损伤或穿孔，瞳孔是否缩小或扩大等。眼炎、鸟疫和维生素 A 缺乏病，可以引起鸽的眼睛发炎、红肿和分泌物增加。有机磷农药和阿托品中毒时，分别引起瞳孔缩小和扩大。患皮肤型鸽痘时，眼睛周围有痘疹，严重者可导致单侧或双侧眼睛失明。

（4）鼻瘤检查　健康成年鸽的鼻瘤洁净，有弹性，呈现白色，雏鸽的呈肉色，童鸽的则从肉色逐渐转为白色。若出现鼻瘤潮湿、白色减退，鼻孔有浆液性分泌物等症状，可能是感冒、鼻炎、副伤寒和鸟疫等疾病所致。

2. 呼吸系统检查

观察鼻孔有无分泌物，检查呼吸次数，健康鸽正常的呼吸次数为每分钟 30~40 次，观察有无咳嗽、喷嚏、张口呼吸等。若患毛滴虫、鼻炎、喉气管炎、肺炎和鸟疫等疾病时，可能出现流鼻液、咳嗽、气喘、气囊啰音和呼吸困难等症状，有时会发出"咕噜咕噜"的啰音。

3. 消化系统检查

（1）口腔检查　张开病鸽嘴巴，检查口腔和咽喉黏膜的颜色，有无黏液、溃疡、假膜及异常气味。黏膜型鸽痘、鹅口疮、毛滴虫病、口腔炎等疾病时，病鸽的口腔和咽喉会出现潮红、白色或黄色干酪样病灶、溃疡或白色假膜等。维生素 A 缺乏时，这些部位常有粟粒大小的灰白色结节。

（2）嗉囊检查　用手摸鸽子的嗉囊，可以略知其消化功能状况。正常情况下，鸽子进食 3~4 小时后，饲料向下移动而致使嗉囊缩小，如果嗉囊没有缩小说明鸽子消化不良或者有嗉囊病。嗉囊病有两种：一种是摸着硬，可能是被硬性食物梗塞所致，或由某些传染病引起的嗉囊积食；另一种是摸着软，倒提鸽子时，口中流出酸臭液体，如长期积食或缺乏运动造成的软嗉病。

（3）肛门和泄殖腔检查　鸽新城疫、溃疡性肠炎、胃肠炎、鸟疫和副伤寒等疾病常引起鸽子腹泻，粪便沾污肛门周围的羽毛。皮肤型鸽痘常引起鸽子肛门周围出现痘疹。患鸽霍乱、胃肠炎等疾病，鸽子的泄殖腔可能充血或者有点状出血。

（4）粪便检查　健康鸽粪便呈浅褐、灰黄或灰黑色，条状或螺旋状，末端有白色物附着。消化不良或患卡他性肠炎，鸽子排出稀烂的软粪。患沙门氏菌病、鸟疫、球虫病等病鸽粪便稀烂恶臭，带有白色黏液或浅绿色，周围有泡沫，严重时粪便由绿色变为墨绿色。鸽子发热、便秘或缺水，会排出干燥粒状粪便。患肠寄生虫病或肠道卡他时，排出肉状粪。患出血性肠炎或球虫病时，粪便带有红色和白色黏液。

4. 运动功能检查

检查骨及关节，有无骨折、脱臼或关节炎。此外，鸽新城疫、副伤寒、神经性疾病，有机磷农药、呋喃类药物和食盐等中毒，都可能引起双脚无力、单侧或双侧翅膀麻痹、共济失调、飞行和行走困难等。

通过以上各项检查和综合分析后，对疾病可以做出初步诊断。仍不能确诊的疾病，必须进行实验室检查。

（二）流行病学诊断

流行病学调查是鸽场预防与控制疾病的依据，也是鸽病诊断的重要方法，尤其是在规模化养殖场。流行病学调查和分析的目的是认识疾病并提出应对措施，有时需要结合实验室诊断技术，才能最终确诊。流行病学调查的内容和范围十分广泛，凡与疾病发生发展相关的自然条件和社会因素都包括在内。

流行病学调查的方式多种多样，一方面可以通过鸽场饲养人员、管理人员了解鸽场发病情况，组织当地兽医、检疫人员等座谈，分析疾病发生的原因等；另一方面可进行现场实地调查，必要时对新鲜病死鸽及濒死鸽进行剖检，掌握鸽群的病情及病鸽的临床症状、病理变化，然后结合座谈了解的一般情况，对鸽病做出初步的判断。

（三）病理学诊断

病理学诊断主要是对病死鸽或濒死期鸽进行病理剖检，通过肉眼和显微镜对各个器官及其组织细胞的病理变化进行观察，最终给出正确的诊断。该方法简单易行，可以在发病现场进行，在实际的养鸽生产中是鸽病诊断的重要方法，但解剖者要有一定的病理学知识。

（四）微生物学诊断

微生物学诊断是利用微生物学检验技术，准确、快速检验和鉴定临床样品中的微生物，为临床对感染性疾病诊断、治疗、流行病学调查及研究等提供科学依据。诊断方法包括直接镜检、病原分离培养和鉴定、体外药敏试验、检测特异性抗原或病原体成分等。

（五）分子生物学诊断

分子生物学技术具有快捷、精确的优点，在鸽病的诊断中越来越被广泛应用。常用的分子生物学技术主要有以下几种。

（1）PCR技术　聚合酶链式反应（PCR）技术是体外扩增DNA的分子生物学技术，与传统检测技术相比，具有快速、敏感、简单及特异性强等优点。主要用于鉴定难以培养和血清学检测的细菌或病毒，如沙门氏菌、圆环病毒、腺病毒等。

（2）酶联免疫吸附试验（ELISA）　是固相吸附技术和免疫酶技术相结合的一种方法，它的基础是抗原或抗体的固相化以及抗原或抗体的酶标记。可用于检测鸽流感病毒等。

（3）基因探针　又称核酸探针，是指能识别特异碱基序列的有标记的一段单链DNA或RNA分子，即一段与被测定的核苷酸序列互补的带有标记的单股核苷酸。在鸽病诊断中具有灵敏度高、特异性强和操作简便等优点，适于检测批量样品。

（4）基因芯片　又称DNA微阵列芯片、DNA微阵列、DNA芯片，其技术雏形是Southern blot技术，是建立在基因探针和杂交测序技术上的一种高效快速的核酸序列分析手段，具有高亲和性、高精确性、高灵敏性、操作简便、结果客观性强的优点。基因芯片可同时检测和鉴别几种以上的病毒。

（5）免疫荧光试验　免疫荧光试验是预先将荧光素标记在抗体上，再与涂片、切片或细胞悬液中的抗原进行反应，借助荧光显微镜观察是否有荧光，判断是否存在相应的抗原并确定其相应的位置。结果直观、可靠，是目前实验室诊断传染病常用的方法。

（6）胶体金快速诊断技术　是以微孔膜为固相载体，包被已知抗原或抗体，加入待测样本后，经微孔膜的渗滤作用或毛细管虹吸作用，使标本中的抗体或抗原与膜上包被的抗原或抗体结合，再通过胶体金标记物与之反应形成红色的可见结果。检测快速、便捷，不需特殊设备，结果直观，近年来得到广泛应用。

五、做好免疫接种

（一）疫苗及其种类

疫苗指凡是具有良好免疫原性的病原微生物，经繁殖和处理后的制品，用以接种动物能产生相应的免疫力者，这类物质专供相应的疾病预防之用。有活菌（毒）疫苗、灭活疫苗、类毒素、亚单位疫苗、基因缺失疫苗、活载体疫苗、人工合成疫苗、抗独特型抗体疫苗等。临床上常用的有冻干活疫苗和油乳剂灭活疫苗，如鸽痘冻干苗、鸡新城疫Ⅳ系冻干苗、鸽新城疫油乳剂灭活疫苗和禽流感 H5 亚型油乳剂灭活疫苗等。

（二）疫苗的免疫方法

鸽预防接种方法有多种，不同的免疫方法要求不同。

（1）饮水免疫　此法省工、省力，使用恰当效果会不错。免疫前停水 2~3 个小时，将疫苗混匀于饮水，再让肉鸽饮用，控制在 15~30 分钟饮完，这样短时间内即可达到每只鸽都能饮到足够均等的疫苗。但需注意的是，用苗前后 24 小时不得使用消毒剂；疫苗的浓度配制不当、疫苗的稀释和分布不均、用水量过多、免疫前未曾停水、水质不良、含有化学或消毒剂等都可影响疫苗的效果。

（2）滴鼻或点眼　用滴管将稀释好的疫苗逐只滴入眼内（图4-6）或鼻腔内（图4-7）。滴鼻或点眼免疫时要控制速度，确保准确，避免因速度过快使疫苗未被吸入而甩出，造成免疫无效。

图4-6　冻干活疫苗滴眼免疫接种

（引自卜柱等《图说高效养肉鸽关键技术》）

图4-7　冻干活疫苗滴鼻免疫接种

（引自卜柱等《图说高效养肉鸽关键技术》）

（3）气雾免疫　疫苗采用加倍剂量，用特制的气雾喷枪使其充分雾化（图4-7），雾粒子直径在40微米以下，让雾粒子能均匀地悬浮在空气中。若雾滴微粒过大、沉降过快、鸽舍密封不严，会造成不能被鸽吸入或吸入不足，影响疫苗的免疫效果。喷雾时，操作者可距鸽子2~3米，喷头跟鸽保持1米左右的距离，呈45°，使雾粒刚好落在鸽的头部。喷雾免疫时，须将鸽舍关闭，喷完后再封闭15~20分钟，方可打开门窗通风。

图4-8　油乳剂灭活疫苗在鸽翅膀下腋窝皮下注射

（引自卜柱等《图说高效养肉鸽关键技术》）

（4）注射免疫　包括皮下注射和肌内注射（图4-8）。注意稀释液、疫苗瓶、注射器、针头等要严格消毒，另外要注意注射方法。若针头过长、过粗、疫苗注射到胸腔或腹腔或神经干上，可造成死亡或跛行。

（5）刺种　用刺种针蘸取疫苗液在鸽的翅膀内侧少毛无血管部位接种，主要用于鸽痘疫苗的免疫，刺种前应将工具煮沸消毒 10 分钟，接种时勤换刺种工具。

（三）疫苗接种的注意事项

（1）疫苗的选择　选择优质的疫苗，了解疫苗的性能和类型，认清疫苗的批号、出厂日期、厂家和用量，切勿使用过期疫苗和非法疫苗。

（2）疫苗的保存与运输　冻干疫苗应于冰箱冻结层内存放（图4-9），灭活油乳剂疫苗存放于冰箱保鲜层或室温阴凉处（图4-10）。短途运输时可用保温箱放入冰块后进行运送，长途运输应由专用的冷藏车运送，途中严防日晒。

（3）疫苗的使用　各种疫苗应按说明书的要求进行使用，冻干疫苗要现用现配，配好的疫苗尽可能 1 小时内用完；灭活油乳剂疫苗使用前要从冰箱取出，回温到室温后再使用。使用时做到不漏种，剂量准确，方法得当。剩余的疫苗应进行无害化处理，可用消毒液浸泡处理，也可高压灭菌消毒，或焚烧处理。

图 4-9　冻干疫苗贮存于冻结层　　图 4-10　灭活疫苗贮存于保鲜层
（引自卜柱等《图说高效养肉鸽关键技术》）（引自卜柱等《图说高效养肉鸽关键技术》）

（四）制定免疫程序时考虑的因素

进行疫苗免疫接种是肉鸽场综合性防制措施的重要一环，针对不同的传染病应使用不同的疫苗，为了更好地达到防疫效果、控制传染病，应根据肉鸽场自身实际情况结合当地疫情制定适合本鸽场的免疫程序，科学合理地选择确定免疫接种的时间、疫苗的类型和接种方法等，有计划地做好疫苗的免疫接种，减少盲目性和浪费现象。制定鸽场的免疫程序主要考虑的因素有：

（1）掌握鸽场疾病流行病学史　了解鸽场的发病史，曾发生过什么病、发病日龄、发病频率、严重程度，同时了解周围鸽场鸽病的流行情况，了解当地禽场禽病的流行情况，依此确定疫苗的种类和接种时机。

（2）首免时间的确定　查明乳鸽的母源抗体水平，掌握母源抗体消长规律，从而确定首免时间。例如，据研究，种鸽接种过鸽新城疫油乳剂灭活苗，乳鸽的母源抗体一般在 15 日龄时消退至 4log2，据此认为鸽新城疫首免时间可在 18~25 日龄。

（3）日龄及鸽体的易感性　确定接种日龄必须考虑到鸽体的易感性，如马立克病的疫苗必须在出壳 24 小时内，因为乳鸽对马立克病疫苗易感性最高，随着日龄的增长，易感性就会降低。

（4）饲养管理水平和营养状况　一般管理水平高、营养状况良好的鸽群可获得比较好的免疫效果，反之效果不好或无效。

（5）应激状态下的免疫　某些疾病、长途运输、炎热、移群、通风不良等应激状态下一般不进行免疫接种，必须消除各项应激，保证在鸽群健康条件下才能进行接种，否则免疫效果不确切或不理想。

（6）对严重传染病的疫苗免疫　一是可考虑活苗与灭活油苗相结合使用，二是做疫苗用的菌（毒）株血清型选择与实际流行发病的菌（毒）株血清型相一致，必要时开展病原学研究。

六、科学使用兽药

（一）给药的几种方式

（1）注射给药　凡针剂药物都可用于注射给药。鸽子一般常用颈部皮下注射和胸肌注射，该方法用药剂量准确、药效快，对于少量病重的鸽可采用此法治疗。

（2）饮水给药　可将水溶性药物溶解于饮水中，让鸽自由饮服。该方法比较方便，适用于大群普遍治疗或预防性服药。药物配制是根据每只鸽每天的用药量和饮水量，计算出药物与水的比例，配制成含一定浓度的药物饮水，放于水槽中，让鸽自由饮服。使用此法应注意药物现用现配，对某些易失效的药物，应采取每天分上、下午两次配给，尤其在炎热的夏季。另外，配药时要使药物充分溶解、混匀。

（3）拌料口服　不易溶于水的药物，可将其拌在饲料里进行饲喂。该种方法是鸡常用的方法，但在鸽子，由于鸽大多用原粮颗粒直接饲喂，药物不易均匀地粘在颗粒原粮上，所以使用较困难。可自制颗粒饲料的鸽场，可把药物按比例加入粉料中搅拌均匀，然后再压成颗粒料饲喂鸽子。

（4）保健砂投药　无异味或异味不强的药物也可以按一定比例与保健砂充分均匀混合，让鸽自由采食。

（二）合理使用兽药

药物使用剂量太小，治疗效果不佳，且易产生耐药性；药物用量过大，则可能成为"毒物"引起动物中毒，甚至死亡，造成较大经济损失。想要达到安全使用兽药的目的，必须要做好动物的疾病诊断工作，更要保证疾病诊断结果的准确性，以实现"对症下药、针对治疗"的目标。因此，需要制定科学的药物用法及用量方案，科学、规范、合理地使用药物。

七、检疫、隔离和封锁

（一）检疫

检疫是运用各种诊断方法对鸽群进行疾病检查，及时采取相应措施，防止鸽病发生和蔓延。鸽场应定期进行检疫。检疫过程中如发现病鸽，应根据疾病种类采取相应措施。如查出有非典型鸽瘟、鸽副伤寒、鸽霉形体病，则应考虑淘汰病鸽；如查出毛滴虫病、大肠杆菌病、球虫病等，则应选择敏感药物及时治疗。对淘汰的病鸽，应采取扑杀、深埋的办法处理，切忌食用或投放市场，也不可投喂其他动物。

（二）隔离

隔离是将病鸽及可疑病鸽与假定健康鸽隔开的过程，是防治鸽病传播的重要措施。隔离的目的就是控制传染源。根据疫病诊断结果，鸽群可分为病鸽、可疑病鸽和假定健康鸽三类。

病鸽是指通过诊断方法检测到病原阳性的鸽子，包括有典型症状或外表症状不明显的鸽子，它们是危险性最大的传染源。该类鸽一旦发现应立即隔离并进行消毒处理，如病鸽数量较多，则可集中将病鸽隔离在原来的鸽舍内。同时加强鸽舍卫生管理，严格消毒，禁止闲杂人员、其他动物等进出。可疑病鸽是指与病鸽或污染的环境有过接触的鸽子，该类鸽可能已经感染病原，但还处于潜伏期，无临床表现。该类鸽应另选地方加以隔离，严加观察，采取紧急免疫接种或预防性治疗。假定健康鸽是除上述两类以外的鸽子，应单独隔离饲养，加强防疫，潜伏期过后如未见发病则视为健康鸽。

（三）封锁

当暴发某些传染病时，除严格隔离外，还应划区封锁。封锁应在流行早期，行动果断迅速，封锁严密，范围不宜过大。在封锁区边缘设立明显标志，禁止易感动物通过封锁线。在封锁区内，对病鸽严加隔离的基础上，进行治疗、扑杀等处理，污染的饲料、饮水、粪便等应进行严格消毒，病死鸽尸体应深埋。封锁区内易感动物应及时进行预防接种，建立防疫带。在经过一定封锁期，再无疫病发生时，经全面的终末消毒可解除封锁。

八、实行无害化处理措施

（一）鸽粪的处理与利用

鸽粪中富含氮、磷、钾等主要植物养分，将鸽粪加工成有机肥或生物有机肥后可以促进土壤微生物的活动，改善土质。由于不同类鸽子不同时期的粪便中所含营养物质不同，因此需要通过检测来确定鸽粪中主要营养物质的含量及其利用率。此外，在施用鸽粪前应分析施肥土壤需求，合理施肥。研究表明，鸽粪发酵后制成的专用肥料，不但松软、易拌，而且无臭味，不带任何病原体和其他种子，所以特别适合于盆栽花卉和无土栽培，效果比泥炭还好。现在已有多家大规模养鸽场与相关科研单位合作进行鸽粪的开发利用。

（二）羽毛的处理与利用

鸽羽毛中蛋白质含量高达 85%，其中主要是角蛋白。而通常情况下，鸽经屠宰后羽毛被随意丢弃，一方面羽毛上附着的病原微生物可能会造成疾病传播，另一方面羽毛中丰富的蛋白质也白白流失了。因此，应注重对鸽羽毛的科学合理利用。鸽羽毛中的角蛋白的空间结构稳定，不溶于水、盐溶液及稀酸、碱，即使把羽毛磨成粉末，动物肠胃中的蛋白酶也很难对其进行分解和消化。因此，对羽毛的处理关键是破坏角蛋白稳定的空间结构，使之转变成能被畜禽所消化吸收的可溶性蛋白质。主要方法有：①高温高压水煮法，此法生产的羽毛粉质量好，胃蛋白酶对其消化率达 90% 以上；②酶处理法，该方法可得到一种具有良好适口性的糊状浓缩料；③微生物法，是利用羽毛降解菌将羽毛经过酶的水解而变成可溶性蛋白及游离氨基酸的方法。此外，还可将鸽羽毛制成羽毛粉添加到畜禽饲料中加以利用。

（三）病死鸽无害化处理

在处理病死鸽时需要采取科学合理的方式，通常使用物理手段进行处理，必要时也需要采用合理的化学手段，用于彻底清除动物身上携带的病原，以此解决病死鸽可能会对环境和人类社会的正常生存造成的问题。目前，病死鸽的无害化处理技术主要有焚烧法、化制法和掩埋法。其中，焚烧法主要是将病死动物放置到特制的焚烧容器中，在更短时间内将病死鸽的尸体进行彻底的氧化分解，从而消灭病原。化制法主要是通过强大的压力和温度消灭掉潜藏在病死鸽体内的病毒和致病菌，可根据情况采取干化法或湿化法。掩埋法是将病死鸽与自然环境隔绝，并采取最为适合的消毒手段或发酵方式将病死鸽体内残留的病原消灭。从上述 3 种方法可以看出现阶段处理病死鸽的核心方法均是消灭潜藏于尸体内部的病原。

第二节 鸽细菌性传染病

一、鸽霍乱

鸽霍乱又称鸽出血性败血症或巴氏杆菌病，是由多杀性巴氏杆菌引起的鸽的一种急性传染病，其发病率和死亡率都很高，往往呈急性败血症并伴有下痢。其发病的主要特征是来势急、病情重、死亡快。

1.病原

病原为多杀性巴氏杆菌，是一种两端钝圆、中心稍突出的短杆菌或球菌，长度为0.6~2.5微米，宽度为0.25~0.6微米。它是一种需氧兼性厌氧菌，革兰氏阴性，两极着色深，中间着色浅。巴氏杆菌的抵抗性低，在阳光直接照射以及处于干燥环境中会死亡。在60℃下巴氏杆菌最多可以存活10分钟。巴氏杆菌在一般消毒剂中5~20分钟就会被杀死，而3%石炭酸和0.1%氯化汞水可在1分钟内迅速杀灭巴氏杆菌，10%石灰乳和普通甲醛溶液则可在3~4分钟内使得巴氏杆菌死亡。

2.诊断要点

（1）流行病学 本病的传播途径主要是通过消化道、呼吸道、吸血昆虫以及受损的皮肤黏膜进行感染，患病动物和病畜排泄物、分泌物以及被感染动物也是重要的传染源。本病一年四季均可发生，但以冷热交替、气候剧变、闷热、潮湿多雨的时期发生较多。鸽群中以童鸽、青年鸽较易感染。

（2）症状 病鸽不食，精神抑郁沉闷，闭目缩颈，羽毛松散杂乱，鸽子单脚卧，体温在42℃以上，鸽子口渴常饮水，口中有淡黄色黏稠液体，可视黏膜充血，鼻瘤失去原有的色泽，鼻流黏液，有的病鸽伴有腹泻、排出绿色黏液性稀粪等。病鸽通常在1~3天内死亡，也有部分鸽突然或短时间内死亡。

（3）病理变化 解剖可见嗉囊积有未消化的饲料或液体（图4-11），喉头、气管充血，肺淤血或有出血点，心包液增多，心脏脂肪沟及心外膜有小点出血，肝脏肿大淤血，部分病例肝表面有针尖大的白色坏死点；肠黏膜充血或出血，有的肾脏肿大出血（图4-12）。

图4-11 鸽嗉囊

（陈俊红 摄）

图4-12 病变组织器官

（陈俊红 摄）

（4）实验室检查 取病料组织或体液划线接种于胰蛋白大豆琼脂培养基（TSA）平板、麦康凯平板上，观察菌落形态，在TSA平板上出现淡灰白色、圆形、表面光滑、边缘整齐、湿润、半透明菌落，麦康凯平板上无菌落。挑取TSA平板上可疑单菌落传代培养，并对典型的疑似菌落进行革兰氏染色，油镜下观察细菌染色特点及形态，镜下可见两端钝圆、两极浓染、革兰阴性小杆菌。另外，可做生化试验进行鉴定。

3. 防治措施

发现病鸽，应立即隔离，死亡鸽焚烧或深埋，鸽舍、鸽笼及饲养工具等进行彻底消毒。

未发病的鸽全部喂给磺胺类药物或抗生素，或紧急接种菌苗，以控制发病。预防禽霍乱的疫（菌）苗分灭活和活苗两类。灭活菌苗大体上分两种：一种是禽霍乱氢氧化铝甲醛菌苗，3月龄以上的鸽，每只肌内注射1~2毫升。另一种是禽霍乱组织灭活菌苗，系用病禽的肝脏组织或禽胚制成，接种剂量为每只肌内注射1毫升。禽霍乱活菌苗接种剂量为每只肌内注射0.5毫升。免疫期比灭活苗稍长，但因活菌苗不能获得一致的致弱程度，有时在接种菌苗后鸽群会产生较强的反应，而且菌苗的保存期很短，湿苗 10 天后即失效。另外，接种活疫苗可能在接种鸽群中存在带菌状态，因此，在从未发生过禽霍乱的鸽场不宜接种。

治疗禽霍乱的药物很多，效果较好的有下列几种：

（1）青霉素钠盐　每瓶 80 万单位，用注射用水或生理盐水稀释，每只肌内注射 1 万单位。每天治疗 1 次，连续治疗 2~3 天。同时喂服土霉素粉剂，每 50 千克混合饲料中加入土霉素 40~50 克，连喂 5~7 天。

（2）选用喹诺酮类药物　诺氟沙星和环丙沙星，治疗禽霍乱效果较好。诺氟沙星，每千克饲料中添加 0.2 克，充分混合，连喂 7 天。环丙沙星，每升饮水中添加 0.05 克，连喂 7 天。

（3）选用磺胺类药物　磺胺噻唑、磺胺二甲嘧啶、磺胺二甲氧嘧啶等，都有疗效。一般用法是在病鸽饲料中添加 0.5%~1% 磺胺噻唑、磺胺二甲嘧啶；或是在饮水中添加 0.1%（0.1 克磺胺噻唑或磺胺二甲嘧啶加入 100 毫升饮水中），连喂 3~4 天；或者在饲料中添加 0.4%~0.5% 的磺胺二甲氧嘧啶，连续喂 3~4 天。也可在饲料中添加 0.1% 的磺胺喹啉，连续喂 3~4 天，停药 3 天，再用 0.05% 浓度连续喂 2 天。

在使用上述抗菌药物时，有一个问题必须注意，即一个鸽场如果长时间使用一种药物，有些菌株对这种药物可能产生耐药性，造成疗效降低甚至完全无效。此时，必须更换其他药物。

二、鸽沙门氏菌病

鸽沙门氏菌病又称鸽副伤寒，能够引起下痢、关节炎、运动神经障碍等症状，是鸽常见传染病的一种。

1. 病原

鼠伤寒沙门氏菌及其变种（哥本哈根变种）为本病的病原，属肠杆菌科，主要寄生于肠道内，能运动的沙门氏菌呈杆状，革兰氏染色阴性，显微镜下呈红色，有一条用于运动的鞭毛。此菌对外界环境及消毒剂的抵抗力不强，60℃经 5 分钟可杀死，常用的消毒液都可杀死。

2.诊断要点

（1）流行病学　本病主要通过沙门氏菌污染饲料或饮水、互相接吻和饲喂幼鸽而发生经口传染，经呼吸道吸入病原发生气源性传染，还可通过母鸽垂直传染给鸽胚。本病各种年龄的鸽都可发生，绝大多数发生于 1 岁以下的鸽子，并能导致死亡，成年鸽子感染此病死亡率较低，但经过一段时间后会成为传染源。

（2）症状及病理变化　根据病理变化的部位，沙门氏菌病常见有 4 种类型，有时各种类型同时发生。

① 肠型：发生典型的腹泻，浆状的、未消化的饲料成分被黏液包裹，其周围是黏稠或水样、褐色、有泡沫且恶臭的液体。注意，拉绿色粪便不是此病特征性症状，因为这种颜色是胆汁所致，在饲喂不定时或饲料改变时和所有伴有肠炎及食量减少的疾病都可见到这种情况。典型腹泻使鸽迅速消瘦，这种现象在患副伤寒的鸽子中尤其显著。

② 关节炎型：此型主要引起关节炎症状，关节液增多、肿胀、疼痛。病鸽活动时表现为单脚站立，独脚跳跃或短步急行，翅膀垂下或把腿提起，尤其是肘关节和踝关节明显。

③ 内脏型：沙门氏菌侵犯肝、肾、脾、心和胰脏，肝实质有针尖样的黄白色坏死灶（图 4-13）、肺部充血、淤血，严重的会出现肉芽肿病变（图 4-14），病鸽精神不振、呼吸困难，发展迅速的有进行性衰弱等症状。

图 4-13　肝脏呈古铜色
（引自赵宝华等《鸽病诊断与
防治原色图谱》）

图 4-14　肺肉芽肿病变
（引自赵宝华等《鸽病诊断与
防治原色图谱》）

④ 神经型：此型不多见。育雏期发生严重死亡或幼鸽发育不良可怀疑有沙门氏菌存在，当鸽群出现典型腹泻并有翅和腿麻痹症状时，养鸽者更应注意发生此病的可能，但在诊断时，应注意将本病与寄生虫性肠炎、鸟疫、骨折、痛风、曲霉菌病等相区别。

在幼鸽中，沙门氏菌病病程急剧并能迅速导致幼鸽死亡。因此不易见到明显临诊症状，这种情况类似急性鸟疫，此时只能用细菌学检验方法作鉴别诊断。

（3）实验室检查　取病鸽的肝、脾、肾等组织涂布接种于 TSA 培养基或麦康凯培养基，挑取无色单菌落接种沙门氏菌选择培养基，观察菌落形态；革兰氏染色，显微镜下观察菌体染色特性及形态。另外，可进一步进行生化反应和血清学鉴定。

3. 防治措施

发现病鸽，最好不治疗就快速淘汰，再立即用 20% 石灰乳彻底消毒。平时要加强场内清洁卫生，加强鸽舍通风换气，加强种蛋入孵前的消毒，可用 0.05% 新洁尔灭溶液浸泡种蛋 30 秒，定期进行预防性投药（治疗剂量的一半）。

病鸽要隔离治疗。用金霉素 15 毫克/（天·只），分 3 次口服，连服 4~5 天；也可用磺胺嘧啶、磺胺二甲嘧啶（SM2）或磺胺甲嘧啶中的一种，按 0.5% 的比例混在饲料中，连用 5~7 天；也可用庆大霉素每千克体重 8 毫克肌注；恩诺沙星、氟哌酸、大观霉素、禽喘灵可溶于水饮用，均有效，但治愈后往往成为带菌者。

三、大肠杆菌病

鸽大肠杆菌病是一种非接触性传染性疾病，一般多在冬末春初发病，饲料管理不善、卫生状况不良、气候突变、营养失衡以及其他应激因素都可诱发该病，发病时多为继发或并发感染。

1. 病原

大肠埃希氏菌（大肠杆菌）。

2. 诊断要点

（1）流行病学　本病主要感染鸽呼吸道，其次是消化道，也可通过蛋传递途径感染后代。各年龄段的鸽均可感染，其中以乳鸽和童鸽发病较为严重，常引起大量死亡。成鸽多为散发和零星死亡。

（2）症状及病理变化　鸽大肠杆菌病的潜伏期为数小时至3天，常见的临床症状类型有急性败血型、肉芽肿型和眼型3种。

① 急性败血型：病鸽表现精神沉郁，食欲、渴欲降低或废绝，羽毛松乱，呆立一旁。流泪、流涕，呼吸困难，拉黄绿色或黄白色稀粪，最后全身衰竭。最急性病例突然死亡，而且鸽群是陆续发病死亡，持续很久。剖检可见胸肌丰满、潮红，嗉囊内充满食物，发出特殊的臭味（图4-15），特征性病变是心包、肝周及气囊表面覆盖有淡黄色或灰黄色纤维素性分泌物，肝的质地较硬，有的呈古铜色（图4-16），肠黏膜充血、出血。

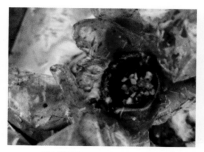

图4-15　鸽嗉囊及内容物

（陈俊红　摄）

图4-16　肝脏及周围病变

（陈俊红　摄）

② 肉芽肿型：此类型的症状只是一般性的，没有特征性病变。明显的肉眼变化是胸和腹腔脏器出现大小不等、近似枇杷状的增生物，有时呈弥漫性散布，有时则密集成团，颜色有灰白、红、紫红和黑红色等，切开可见肉芽内容物呈干酪样（图4-17）。各脏器

图4-17　肺肉芽肿结节

（陈俊红　摄）

有不同程度的炎症。

③眼型：鸽陆续发病。病情较轻的出现歪头斜颈的症状，腹泻，排黄白色或绿色水样粪便；病重的双眼失明，不食不饮，最后衰竭而亡。病鸽消瘦，切开眼部可见内含黄白色豆腐渣样块状物，眼球外层覆盖一层浑浊的淡白色薄膜，喉部有黄色干酪样渗出物，肠黏膜充血、出血、淤血，十二指肠最为严重，肝、脾略肿大，气管环状出血。

除了以上3种类型，还有其他类型的症状。大肠杆菌与其他病菌混合感染造成的乳鸽脐炎引起的感染致局部红肿发炎，并呈现化脓、坏死和干酪样渗出等变化等，这些症状均是由大肠杆菌的局部感染引起的。

（3）实验室检查　无菌采集病（死）鸽的心脏、肝脏、脾脏等病料接种在鉴别培养基上，大肠杆菌在麦康凯琼脂上呈红色，在伊红美蓝琼脂上产生黑色带金属闪光的菌落，在SS平板培养基上不形成菌落。挑取典型的菌株进行染色，镜检为革兰阴性小杆菌，增菌进行生化试验。

3. 防治措施

做好免疫接种是预防本病最有效的方法。在7~10日龄用新城疫、传染性支气管炎二联苗滴鼻或用传染性支气管炎病毒苗H120与新城疫Ⅱ苗混合饮水，35日龄再用传染性支气管炎病毒苗H52加强免疫，对该病有良好的预防效果。

大肠杆菌在自然界中的变异较大，应通过药敏试验筛选高敏的药物予以治疗。常用敏感药物：卡那霉素，按0.4%浓度饮水，连用5天；氟哌酸或盐酸环丙沙星，按0.01%~0.02%拌料，连用5~7天；庆大霉素，按0.03%~0.04%浓度饮水，连用5天；敌菌净，按0.01%~0.02%浓度饮水，现配现用，连用5天。

四、曲霉菌病

曲霉菌病是由烟曲霉菌引起的一种常见的真菌性传染病。本病的主要特征是肺和气囊发生曲霉性炎症，所以又称曲霉菌性肺炎。

1. 病原

为烟曲霉菌。鸽舍通风效果差、舍内潮湿，导致饲料发霉变质；保健砂、垫料不及时更换；都可引起鸽曲霉菌病。

2. 诊断要点

本病多见于梅雨季节。各种年龄的鸽均可感染，幼鸽多急性发作，且死亡率高；成鸽多表现呼吸道症状。鸽种蛋保存条件差，霉菌孢子侵入种蛋，可造成胚胎死亡。

病初，鸽精神沉郁，嗜睡，食欲减退或废绝，反应迟钝，体温升高；呼吸困难，伸颈、张口呼吸并有湿性啰音，冠髯、眼结膜及可视黏膜发绀；持续性腹泻，粪便稀薄、灰白色；有的病鸽出现神经症状，歪头扭颈，行动摇摆，共济失调；常有单侧性眼炎（有的为双侧性），并有分泌物，眼睑肿胀、外凸，严重时上下眼睑粘连，内有块状易挤出的干酪样物质。

剖检可见呼吸道有淡黄色分泌物，轻的病例肺部有白色或黑色坏死点，重的病例肺部可见绿豆至扁豆大灰白坏死灶；气囊壁增厚，切开坏死结节可见有菌丝体及淡黄色干酪样物质，镜检可见霉菌孢子；有的病鸽可见皮肤脱屑，羽毛易断，发病幼鸽皮肤可见黄色鳞片状斑点。病鸽往往极度消瘦，最终致死（图4-18~图4-20）。

图4-18 肺出现黄白色的霉菌性结节

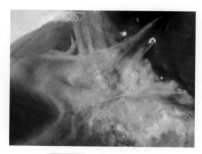

图4-19 胸气囊混浊、增厚，有黄白色结节

图 4-20　肝有黄白色霉菌性结节
（图 4-18~ 图 4-20 均引自赵宝华
等《鸽病诊断与防治原色图谱》）

3. 防治措施

平时要加强环境卫生，保持鸽舍内清洁干燥，通风良好；饲料贮存得当，不喂发霉变质饲料；种鸽孵化窝要保持清洁、干燥，并做好定期消毒。夏秋阴雨潮湿季节、常患本病的鸽场，群鸽可连续服用硫酸铜（1：3000）7 天。

一旦鸽群发病，应立即将病鸽和健康鸽隔离饲养，可用制霉菌素内服或拌料喂服，20~40 毫克 /（次·只），2 次 / 天，连用 3~5 天；同时用 0.05%~0.1% 的硫酸铜溶液或 1：500 的碘溶液代替饮水，连用 3~5 天；也可用克霉唑按 0.02%~0.05% 的浓度拌料喂服，每天 3 次，连用 7 天。有眼炎的病鸽，可用金霉素眼膏涂眼。

五、溃疡性肠炎

溃疡性肠炎是由肠道梭菌引起的一种急性细菌性传染病，又称"鹌鹑病"，鹌鹑最易感染，但鸽子也易感染。该病常突然发生、传播迅速，死亡率高，并有坏死性肠炎和下痢等主要病症。

1. 病原

本病病原为大肠梭菌，菌体为杆状、平直或微弯等多种形态，是一种厌氧性产气荚膜梭菌，呈革兰氏阳性，有芽孢。耐热性极强，100℃ 3 分钟或 80℃ 60 分钟才能将其杀死，对青霉素、链霉素有抵抗能力，对磺胺类、呋喃类及多黏菌素有耐药性，一般消毒药均能杀死此菌。

2. 诊断要点

（1）流行病学　该病主要通过消化道感染传播，饲养管理不良、卫生条件低劣、腐败不洁的饲料、阴雨潮湿的季节等均能诱发本病的发生。多发生于幼年鸽，对青年鸽或成年鸽危害较小。一般多在 3~6 月份的梅雨季节发病。

（2）症状　鸽群精神委顿、羽毛蓬乱、身体蜷缩、食欲减退甚至废绝，饮水量增多，腹部膨胀，腹泻下痢，粪便初期呈白色水样稀粪，以后转为绿色或褐色，有的呈糊状较黏稠，有臭味，肛门周围羽毛常被粪便污染。病鸽逐渐消瘦，脚爪干枯，严重的步态不稳，一般在6~9天内死亡。雏鸽感染往往较急，死亡也很快。

（3）病理变化　非急性的病死鸽一般只见肠道有严重的出血，坏死灶呈黄色点状；坏死面积较大，溃疡面呈枣核状或椭圆形，有的病灶融合成大的坏死性伪膜，呈灰黑色，剥离后肠壁溃疡灶边缘稍隆起，中央部位下陷。肝脏有时可见淡黄色的斑点状坏死或灰白色的小病灶，脾脏出血、淤血、肿大。在临床诊断时要与球虫病、肠炎、副伤寒鉴别诊断以免误诊。急性死亡的病鸽肠道黏膜有出血性炎症，其他病变不明显。

（4）实验室检查　取肠黏膜及肝脏部位的坏死病灶，触片、革兰氏染色后镜检，可见到革兰氏阳性大杆菌，呈直杆状或弯曲状，一端有呈圆筒状的芽孢。

3. 防治措施

加强饲养管理，降低饲养密度，搞好鸽场舍内外、笼内外的清洁卫生。一旦鸽群发病，立即隔离或淘汰，及时进行治疗：

（1）紧急注射链霉素3万单位/只，加青霉素1万单位/只混于水中，连用3~5天。

（2）痢特灵0.02%浓度饮水，连续3天。

（3）杆菌肽锌拌料饲喂，0.2克/千克饲料。

六、鸽念珠菌病

鸽念珠菌病别名鹅口疮、酸臭嗉囊病、念珠菌口炎和消化道真菌病，是由白色念珠菌引起的鸽子常见真菌性传染病，通常造成皮肤、黏膜或脏器感染，本病的特征是上消化道黏膜发生白色假膜和溃疡。

1. 病原

鸽念珠菌又称白假丝酵母菌，是一种机会致病菌，主要通过消化道传播，带菌鸽子会使菌附着在粪便上来污染饲料和水，进而感染健康的乳鸽。幼鸽和成年鸽都易感染本病，其中以2周龄至2月龄的幼鸽最易发生此病，且死亡率高。本病在潮湿季节发病较常见。

2. 诊断要点

感染本病的鸽，主要表现为消化道损伤，起初病鸽采食量下降，

图4-21　病鸽嗉囊

（陈俊红　摄）

之后出现生长发育不良、精神萎靡、嗉囊膨大下垂，触之松软，内壁可出现干酪样坏死性假膜，羽毛粗乱，瘦弱，病鸽常离群独处，眼睛迷离，不愿走动。

剖检病死鸽，口腔黏膜及喉头部位充血肿胀，口咽部常形成黄白色干酪样伪膜，呈现典型的"鹅口疮"症状。食道和嗉囊皱褶变粗、糜烂或被

黄白色干酪样伪膜覆盖（图4-21），剥离伪膜时，可见到黏膜肿胀、糜烂、溃疡。病鸽还表现为呼吸困难，有较轻的啰音，间有咳嗽，甚至吞咽困难，下痢、消瘦，最后因衰竭而死亡，病程5~10天。

值得注意的是，本病在症状和病变上与毛滴虫病基本相似，诊断时较难区分。一般来说，乳鸽感染毛滴虫病较严重，而念珠菌病则在1月龄左右时发病率、死亡率最高。确诊必须进行实验室检查。

3. 防治措施

对于本病首先要做好平时的预防工作，要注意保持鸽舍及所有工具的清洁卫生，定期用2%的甲醛或1%的氢氧化钠溶液进行环境消毒，定期进行口腔检查，发现病例及时治疗。

① 病鸽口腔黏膜上的溃疡面可涂敷碘甘油。

② 嗉囊中可以灌服数毫升2%的硼酸溶液消毒。

③ 用1∶2000（即0.05%）的硫酸铜溶液代替饮水，连用7天（硫酸铜应加热至完全溶解）。

④ 克霉唑口服，每千克体重25~30毫克，每天2次，连服7天。

⑤ 每千克饲料中拌入 50~100 毫克制霉菌素混饲,能有效地控制本病的发生与发展,疗效也最佳。

在上述治疗药物中,适当加入维生素 A 以修补损伤的上皮组织,可加速痊愈。

第三节　鸽的病毒性传染病

一、鸽 I 型副黏病毒病

鸽 I 型副黏病毒病是由 I 型副黏病毒引起的病毒病,由于其临床症状和病理变化与鸡新城疫很相似,故称鸽新城疫,俗称鸽瘟。本病于 1981 年首次在苏丹和埃及发现,1986 年 1 月在我国深圳地区也发现了该病,以腹泻和神经症状为主要特征。传播速度快、死亡率高,是引起鸽子死亡最为严重的急性传染病之一。

1. 病原

本病的病原为鸽 I 型副黏病毒,它与鸡新城疫病原同属副黏病毒科,但它们在亚型及病毒毒力方面有所差异。该病毒具有凝集多种动物红细胞的生物学特性,对鸡、鸽、鸭、鹅的红细胞凝集性最好。本病一般可在直射阳光下 30 分钟内死亡,紫外线或 100℃条件下 1 分钟可杀死,但其对低温环境抵抗力较好,一般可在 –20℃存活 10 年以上。常用消毒药如 2% 氢氧化钠、1% 来苏水、1% 碘酊等在 10~20 分钟内可将其杀死。

2. 诊断要点

(1)流行病学　各龄期鸽子均有易感性,其中以乳鸽和青年鸽易感性最强。本病主要是通过消化道和呼吸道传播,带有病毒的饲料、饮水、器具等均可引起鸽群感染本病。一年四季均可发生,尤其春秋季节较多。

(2)症状　本病感染初期症状为精神倦怠(图 4-22),羽毛松乱,失去光泽,呼吸困难,同时伴有严重的水样下痢,拉黄绿色稀粪,甚至带血。严重者喙、爪发绀，张口吸气有啰音，食欲下降，渴欲增强，有眼结膜炎或眼球炎，鼻有分泌物。后期会产生神经症状（图4-23）：颈部僵直，头向后仰或偏向一侧，有的会发生转圈，有的单侧性翅膀或腿麻痹，引起翅膀下垂或跛行，并伴有阵发性痉挛、震颤等。本病死亡率较高，可达50%以上，一般感染本病后一般在5~7天内迅速死亡。

图4-22 病鸽精神倦怠

（戴鼎震 摄）

图4-23 头颈歪斜

（陈俊红 摄）

（3）病理变化 死后剖检可见全身各组织器官呈广泛性充血、出血。30%~40%的病鸽结膜发炎、充血、出血，并有分泌物。脑颅骨内有出血，脑实质水肿、充血（图4-24），颈部皮下严重出血、充血（图4-25），肝、肾、脾肿大，有出血点、斑，胰脏充血、出血，甚至坏死。约有40%~50%的病例可见小肠、直肠和泄殖腔出血或充血（图4-26），腺胃黏膜、乳头有出血点（图4-27、图4-28）。部分病鸽喉头及肝脏也有出血点。

如需进一步确诊，可进行病毒分离鉴定及血清学检查。

图4-24 脑出血

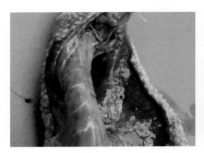

图 4-25 颈部皮下出血

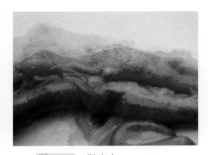

图 4-26 肠出血

（图 4-24~ 图 4-28 引自赵宝华等《鸽病诊断与防治原色图谱》）

图 4-27 腺胃乳头出血

（陈俊红 摄）

图 4-28 肌胃出血

3. 防治措施

加强饲养管理，彻底断绝病毒来源，严禁外人随便进入，禁止在场内饲养其他禽类，是预防本病最为重要的手段。目前尚无特效药物可以治疗，对症治疗为最佳选择，一般可选用抗生素类及磺胺类药物防止继发性细菌感染。

防治本病最有效的方法是接种鸽 I 型副黏病毒灭活油乳剂疫苗，一般采用颈部背侧皮下注射。接种时，一人保定鸽子，一人接种疫苗。保定者一手抓住鸽子的脚和两翅并稍向后拉，同时另一手抓住鸽的头颈。注射者待保定完成后，先用酒精将鸽颈背部擦拭消毒，然后用拇指和食指捏住鸽子颈中部皮肤并拉起，使之形成一个"囊"。拨开羽毛，小心将针头刺入颈部皮下囊腔内，入针方向与鸽颈之间的角度控制在 30° 左右，每鸽注入 0.5 毫升。应注意，拔出针头时的角度要与入针时相同。如发生疫情时，为防止相互感染，应每注射一只鸽换一根针头。该疫苗免疫接种后 2 周即可获得较高的免疫力。如果隔 4~5 周后再进行第二次免疫则可获得更高的免疫力。留作种用的老年鸽每年重复接种一次即可。

二、鸽痘

鸽痘是由鸽痘病毒引起的一种病毒性、常发性、接触性传染病，具有较强的传染性，几乎每个鸽场都会发生。主要特征为无毛及少毛的皮肤上发生痘疹或在喙部与喉部形成一层黄色干酪样伪膜。

1. 病原

本病的病原为鸽痘病毒，属于痘病毒科禽痘病毒属，对宿主有明显的专一性。本病毒对干燥有明显的抵抗力，在干燥痂皮中能存活数月甚至数年；常用消毒剂如 2% 的氢氧化钠、3% 的石炭酸溶液分别作用 10 分钟、30 分钟可致弱病毒，0.5% 的甲醛溶液 20 分钟可杀死；对热抵抗力不强，55℃ 20 分钟、37℃ 24 小时可使之丧失感染力，直射阳光或紫外线可迅速杀死病毒。

2. 诊断要点

（1）流行病学　本病的传播媒介主要是蚊子等吸血昆虫，也可通过唾液、鼻分泌物、泪液等污染饲料、饮水或空气而传染。本病一年四季均可发生，但以春末、夏季和秋初（5~9 月份）梅雨季节发病严重。各年龄鸽均可发病，尤以乳鸽最为敏感，其次是童鸽和青年鸽，成年鸽一般很少发生。

（2）症状　根据痘病毒侵害的部位不同可分为皮肤型和黏膜型鸽痘两种：

①　皮肤型鸽痘：主要症状表现在裸露的皮肤上，如眼睑、嘴角、鼻瘤、肛门、腿脚等无毛处产生灰白色水疱样的小结节（图 4-29，图 4-30）。几天后，痘疹体积增大，形成针尖大小至豌豆大小的灰黄色结节，有时数个结节融合成一片，剥去痂皮后露出出血性病灶。痘痂一般 3~4 周后干枯、自行脱落，留下一块平滑灰白色的疤痕。发生鸽痘时如感染其他细菌，痘痂便会出现化脓，引起溃烂。

图 4-29 皮肤型鸽痘

图 4-30 爪部鸽痘

（戴鼎震 摄）（图 4-30、图 4-31 引自赵宝华等《鸽病诊断与防治原色图谱》）

② 黏膜型鸽痘：主要发生于鼻腔、口腔、咽喉部、嗉部的黏膜上（图 4-31）。初期为黄色的圆形斑点，随后形成一层覆盖于黏膜表面的黄白色干酪样伪膜，恶臭、不易剥脱，剥去后则露出出血糜烂区。严重者呼吸困难、吞咽受阻、采食困难。有的病鸽最后因痘痂脱落，掉进喉气

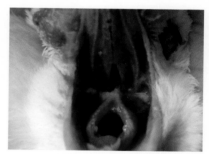

图 4-31 口腔喉头黄白色痘痂

管窒息而死。本类型鸽痘的发病率明显低于皮肤型鸽痘。

3. 防治措施

目前尚未研发出治疗鸽痘的特效药物，一般只进行对症治疗，以减轻症状和预防继发感染。

（1）发现病鸽时，应及时隔离并治疗。对已成熟的痘疹可用消过毒的镊子或剪刀剥去痘痂，用 2%~4% 的硼酸水冲洗，然后涂上碘酒或紫药水；对未成熟的痘疹可用烙铁烧烙。

（2）口服病毒灵，每天每只 1 片，连用 5~7 天。

（3）为防止继发感染，可用乙酰螺旋霉素、氟哌酸，或 0.04% 的金霉素、土霉素、四环素拌料，饮水剂量减半。

（4）可在保健砂中或饮水中加入维生素 A，以增强鸽体的抵抗力，

保护皮肤和促进伤口的愈合。

本病主要是预防，通常可采取以下预防措施：

一是接种鸽痘弱毒疫苗以提高鸽体的免疫力，一般在春末流行季节前接种于乳鸽及幼鸽。接种的方法如下：两个人操作，一人拿注射器，一人保定。保定者张开鸽子翅膀，拔去翼内侧的小羽毛数根，然后注射者滴 1~2 滴稀释的疫苗，再用针头连刺 3~5 次，接种 7~10 天后再检查刺种部位是否出现痘斑和结痂，有反应者表明接种成功，接种时宜使用合适大小的针头，以免引起过大的接种反应。接种后能将鸽痘发生率控制在 10% 以内，说明有效。注意应接种所有健康的鸽子，一旦得病出现症状，再接种疫苗就为时已晚。

二是做好灭蚊、除蚊工作，蚊子是本病传播的主要媒介，保持环境卫生、干燥，要经常清除舍外周围的杂草和积水，经常喷洒灭蚊药水以减少蚊虫。在流行季节，还要坚持在舍内做好驱蚊工作，如在鸽舍内点上蚊香，或及时安装窗纱，减少鸽痘的发生。

三、禽流感

禽流感是由 A 型流感病毒引起的高度接触性传染病，所有的家禽、珍禽和野禽均可发生，但此病发病机理及病理学特征尚不完全知晓。

1. 病原

本病的病原是正黏病毒 A 型流感病毒。禽流感病毒普遍对热比较敏感，在紫外线照射下很快被灭活，在 55℃时 30~50 分钟、60℃时 5 分钟或更短的时间即可失去感染性。而低温的粪便中可存活 82~90 天，在感染的机体组织中则具有更长时间的生活力。其对酸性环境有较强的耐受力，在 pH4.0 的条件下也具有一定的存活能力。在鸡胚中容易生长，也具有凝集鸡及某些哺乳动物红细胞的特性。

2. 诊断要点

（1）临床症状　潜伏期一般为 3~5 天，主要通过消化道、呼吸道途径感染。感染高致病力毒株常无先兆症状而突然死亡，无治疗时间。病程长的会出现体温升高（44℃以上），呼吸困难，精神沉郁，羽毛松乱，两翅下垂，羽毛干燥无光泽，呆立一隅，食欲废绝，头、颈和胸部水肿，严重的可窒息死亡。有的出现灰绿色或红色下痢，伴有神经症状。通常发病后几小时至 5 天死亡，死亡率高达 50%～100%。慢性经过的出现咳嗽、打喷嚏、呼吸困难等症状。

（2）剖检特点　病程短的，在胸骨内侧及胸肌、心包膜有出血点，有时腹膜、嗉囊、肠系膜与呼吸道黏膜有少量出血点。病程较长的颈部和胸部皮下甚至咽喉部周围的组织水肿，气管内有干酪样渗出物。心包腔和腹腔有大量淡黄色液体，胸腔常有纤维蛋白性渗出物。眼结膜肿胀。肾肿胀混浊，呈灰棕色或黑棕色。腺胃乳头出血，腺胃和肌胃交界处的黏膜有点状出血。肺充血或小点状出血，肝、脾、肾和肺有小的黄色坏死灶。

（3）实验室诊断　根据发病症状与剖检特征可作出初步诊断。确诊可用病料处理接种 9～11 日龄 SPF 鸡胚，待胚死后，取死胚液做红细胞凝集试验与凝集抑制试验，也可结合 ELISA 予以确诊。

3. 防治措施

目前尚无任何药物可以治疗，也没有有效的疫苗防疫。一旦发生可疑疫情时，上报兽医防疫部门予以确诊。所有病鸽应全部淘汰，立即严密封锁场地，并进行彻底的消毒。建立严格的检疫制度，搞好环境卫生。

四、鸽的疱疹病毒感染

鸽的疱疹病毒是由疱疹病毒 1 型引起的一种常见传染病。本病于1945 年首次报道，多发生于欧洲国家，目前在全世界各地均有流行和发病，给养鸽业造成了极大的危害。鸽是该病毒的自然宿主，但鸡、鸭对疱疹病毒感染具有抵抗力。

1. 病原

本病的病原是疱疹病毒 1 型，又叫鸽疱疹病毒 1（PHV1），属于疱疹病毒科、α- 疱疹病毒亚科、马立克病毒属的一员。

2. 诊断要点

（1）临床症状　常能从喉头分离到病原，故可通过成年鸽的接吻、亲鸽哺喂幼鸽直接接触传染。病鸽羽毛蓬乱、精神沉郁、下痢、打喷嚏，典型病例表现为打喷嚏、眼结膜炎、鼻有黏液或黄色肉阜。

（2）剖检特点　口腔、咽喉的黏膜充血、出血、坏死或溃疡，咽部黏膜有伪膜，有的还有肝坏死性病变。

根据以上发病症状与剖检特征可做初步诊断。确诊需要分离鉴定病原。

本病应与维生素A缺乏症、念珠菌病、与坏疽性皮炎同一病原的坏死杆菌病、黏膜型或混合型鸽痘等口腔有伪膜的疾病进行鉴别。

3. 防治措施

目前对本病尚无特效治疗药物，一般使用弱毒疫苗或灭活疫苗进行预防，但也不能阻止带毒鸽的出现，只可降低受感染后的排毒量和缓解临床症状。同时加强生物安全和饲养管理水平。

第四节　鸽的寄生虫病

一、毛滴虫病

鸽毛滴虫病是一种由鸽毛滴虫引起的以消化道和呼吸道症状为主的一种原虫病。该病较为普遍，几乎所有的鸽场都存在。对幼鸽的危害最大，主要特征是在病鸽的口腔、咽、喉及上消化道发生溃疡、糜烂，黏膜覆盖有明显的纽扣状黄色沉着物。

1. 病原

本病由单细胞原生虫毛滴虫引起。饲养管理不当、环境发生改变或鸽体抵抗力下降均会诱发本病。成年鸽多为"带虫者"，2~5周龄的乳鸽、童鸽最易患此病，多经消化道传播。

2. 诊断要点

幼鸽染病后，羽毛松乱，消化紊乱，腹泻，食欲减退，消瘦，口腔分泌物增多，且多呈浅黄色黏稠状。在寄生的口腔、咽、食道和嗉囊等部位出现黄色伪膜。病鸽呼吸略有受阻，并发出轻微的"咕噜咕噜"声。严重感染的幼鸽会很快消瘦，4~8天内发生死亡。自口腔、食道或嗉囊刮取黏液做涂片检查，可见有毛滴虫存在。

根据本病的临床特征可分为咽型、内脏型、脐型和泄殖腔型四种：

（1）咽型　最常见，危害性也大。幼鸽往往呈急性经过，短期内可能死亡。剖检，在鸽的咽喉部有浅黄色分泌物或有界限明显呈纽扣状或黄豆大干酪样沉积物（图4-32）。有些病鸽的整个鼻咽黏膜均匀地散布一层针尖状病灶。

（2）内脏型　肝、脾的表面可见霉斑样脐形病变或小结节（图4-33），肠道黏膜增厚。嗉囊和食道有白色小结节，内为干酪样物，嗉囊有积液，消化道黏膜也有类似咽型毛滴虫病的干酪样坏死灶。

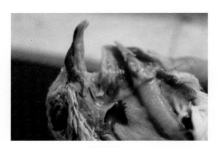

图4-32　口腔溃疡并有
黄白色沉积物

图4-33　肝脏黄色
干酪样坏死灶

（3）脐型　主要见于乳鸽，在脐部及周围皮肤出现肿胀、发红、疼痛，肿块初期较硬，到后期则变软，有波动感。切开病变局部，见干酪样病变或溃疡性病变。

（4）泄殖腔型　病变主要在直肠和泄殖腔，可见呈纽扣状或黄豆大小的干酪样沉积物（图4-34）。

根据临床表现及剖检变化可作出初步诊断，取病变部位组织触片，加生理盐水置于玻片上在显微镜下检查，可发现许多运动着呈梨形或椭圆形的毛滴虫（图4-35）。

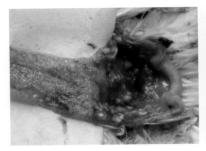

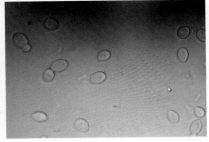

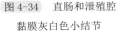

图 4-34　直肠和泄殖腔　　　图 4-35　　鸽毛滴虫

黏膜灰白色小结节　　　　（陈俊红　摄）

（图 4-32~ 图 4-34 引自赵宝华等《鸽病诊断与防治原色图谱》）

3. 防治措施

保持鸽舍清洁卫生，供给新鲜饮水。勤观察鸽群口腔，镜检鸽群口腔黏膜，发现异常，及时隔离治疗。

（1）甲硝唑配成 0.05% 水溶液饮水，连用 7 天，停饮 3 天后，再连用 7 天，治疗效果好。

（2）二甲硝咪唑配成 0.05% 水溶液饮水，连用 3 天，停饮 3 天后，再连用 3 天。

（3）结晶紫配成 0.05% 水溶液自由饮水，连用 7 天，效果也不错。

（4）10% 碘甘油或金霉素油膏涂于已除去干酪样沉积物的咽喉溃疡面上，有良好效果。

二、蛔虫病

鸽蛔虫病是鸽群中常见的线虫病，由鸽蛔虫引起。病鸽常表现明显的消瘦，消化机能障碍，生长发育受阻，长羽不良。病情严重的会导致死亡。

1. 病原

本病的病原为鸽蛔虫，成虫体呈黄白色，长度在 20~100 毫米，雄虫短，虫体粗细如细铅笔芯样。蛔虫寄生于小肠，鸽吃进带有感染性卵的饲料或饮水而感染此病。另外，维生素 A 等营养成分的不足和缺乏会促进本病的暴发，多发于潮湿多雨季节。

2. 诊断要点

各种年龄的鸽都可以感染本病，3 月龄内的鸽对蛔虫最易感染，成年鸽的易感性较低，即使感染了蛔虫，病程也较长，且症状表现不明显，只有当虫体较多时，才会导致严重感染，病鸽生长速度、生产性能和食欲下降，甚至出现麻痹症状，体重减轻，消瘦，肠管内有大量的成虫，可能发生肠阻塞或肠破裂。幼年鸽则会出现缓慢衰竭而死亡。

剖检病死鸽可见肠道肿胀或变薄苍白，肠腔内有出血，肠腔甚至两胃内有蛔虫存在，严重的肠管被蛔虫堵塞，有的蛔虫可穿透肠壁，侵入体内其他器官。严重的嗉囊内也会出现虫体（图 4-36），数量在数十条至数百条。有时肝脏会出现线状或点状蛔虫斑。通过这些症状即可作出诊断，也可通过粪便检查虫卵进行确诊。

图 4-36　鸽嗉囊内蛔虫
（陈俊红　摄）

3. 防治措施

以预防为主，搞好环境卫生，定期驱虫，加强饲养管理。患有蛔虫病的鸽子可用以下药物进行治疗：

（1）枸橼酸哌哔嗪（驱虫灵）或磷酸哌哔嗪　按 200~250 克 / 千克，一次空腹喂服或混少量饲料喂服。

（2）四咪唑按　25 毫克 / 千克混料喂给，1 次喂服，连用 2 天。

（3）左旋咪唑　按 2 毫克 / 千克混料喂给，1 次喂服，每天 1 次，连用 2 天。

（4）酚噻嗪与哌嗪联用　按 7∶1 的比例混合，1 克 / 千克混料喂给，1 次喂服，每天 1 次，连用 2 天。

驱虫后应及时清扫、处理粪便，喷洒杀虫药，消毒场舍以杀灭被驱出的虫体和虫卵。此外，对患鸽驱虫后应加喂维生素 A、钙等制剂，加强饲养管理。

三、球虫病

鸽球虫病是由艾美尔属的各种球虫寄生于消化道引起的一种常见多发寄生虫病。当外界环境温度、湿度适宜时，球虫就能一代一代繁衍，2~4月龄的幼鸽发病率最高，成年鸽多为带虫者，急性病程为数日至2~3周。无明显季节性，但梅雨季节常多发。

1. 诊断要点

病鸽羽毛耸立、头蜷缩、精神不佳，食欲减退、消瘦。临床上主要有两种表现。急性型病例多见于3周龄以上的幼鸽，排出带有黏液、恶臭味的水样稀粪，成年鸽多为慢性症状且轻微，病程为数周至数月，病鸽逐渐消瘦，间隙下痢等，很少死亡。

剖检可见小肠内充满气体或液体，膨大，内容物绿色或黄绿色，肠黏膜充血、出血、坏死，肝脏肿大，肝表面有大量坏死点。用饱和食盐水对鸽粪进行漂浮法镜检，可检出球虫卵囊。

2. 防治措施

保持鸽舍清洁卫生、干燥，及时清理鸽粪并集中堆积发酵。必要时，可定期投服预防性药物或选择鸽球虫病虫苗免疫预防。病鸽可用以下药物进行治疗：

（1）球痢灵　每千克饲料混拌0.2克饲喂，或配成浓度为0.22%的水溶液，饮水3~4天。

（2）磺胺甲氧嘧啶（SMM）　按0.005%的比例混入料中，连喂2~3天。

（3）磺胺喹噁啉（SQ）　用0.1%混入料中，饲喂2~3天，停药3天，再以0.05%混入料中，饲喂2天，停药3天后再喂2天。

第五节　鸽的中毒病

一、黄曲霉毒素中毒

黄曲霉毒素主要由黄曲霉菌产生，毛霉菌及寄生菌也可产生，是一种毒性极强的剧毒物质。其基本结构中含有二呋喃环和香豆素，主要分子式含 B1、B2、G1、G2、M1、M2 等，其中 B1 为毒性及致癌性最强的物质，属剧毒的毒物范围。当每千克饲料中黄曲霉毒素含量达0.75 毫克时，便能引起幼鸽中毒。

1. 病因

鸽采食发霉、被黄曲霉污染的饲料、饮水或其他被污染的食物，久而久之便会得病。

2. 诊断要点

病鸽食欲不振，贫血，腹泻，排白色或绿色稀粪，站立困难，消瘦，易发生死亡。幼鸽一般多为急性中毒，无明显症状，突然死亡。死后剖检可见鸽体消瘦，肛门周围有粪污。主要病变在肝脏，急性中毒时，肝常常肿大，脂肪变性，色淡，有出血斑；慢性中毒时，肝常发生硬化，并见有灰白色点状增生病灶。肾潮红、肿大。肠黏膜潮红、增厚。脑充血及有出血块。

3. 防治措施

防治黄曲霉毒素中毒的有效办法之一，就是保持鸽饲料的干燥，禁用霉变饲料喂鸽子。本病目前尚无特效治疗方法，只能积极对症治疗，被霉菌污染的饲料仓库，用福尔马林熏蒸消毒。平时应保持鸽舍、鸽笼、用具的清洁，控制鸽舍湿度，定期消毒和清理粪便、脏物等，饲料库应通风良好、保持干燥，防止霉菌生长。

二、食盐中毒

食盐中毒由鸽过量采食食盐而引起。食盐对鸽的致死量为每千克体重 3.3 克，通常日粮中添加量为 2%~5%。

1. 病因

食盐是鸽子日粮的重要配料之一，并且鸽子又有嗜盐的习性，经常喂给少量的食盐（可占饲料总量的 1% 左右）不会引起中毒，当日粮中盐过量或长期不喂食盐，突然喂给大量食盐时，则可发生食盐中毒。

2. 诊断要点

临床上，轻微中毒表现为渴欲增强，饮水增多，兴奋、鸣叫，粪便稀薄或混有稀水。严重中毒时，精神萎靡，食欲废绝，渴欲强烈，无休止饮水，嗉囊胀大，下痢，双腿无力，呼吸急促或困难，倒地后仰卧，有时出现神经症状，终因衰竭而死亡。

剖检可见嗉囊积液，皮下呈胶冻样水肿，心肌及心冠脂肪有小出血点，肝、脾、肾肿大、充血，肺水肿，肠黏膜充血、出血，并有溃疡。

3.防治措施

一旦发现病鸽立即停喂含食盐的食物或饮水，可用石蜡油或生油等泻剂促使盐分排出，同时供给充足新鲜饮水或用 10% 的葡萄糖水加适量维生素 C 连续饮用 7 天，症状可逐渐好转，严重的可服用 3%~5% 的红糖水以缓解或使食盐吸收扩散。

三、霉玉米中毒

1.病因

玉米是鸽日粮的主料，也是主要的能量饲料。玉米营养丰富，其含糖的比例特别高，若存放或保管不当，如炎热、湿度大及不通风，便容易发生霉变。鸽采食了这样的玉米就会引起中毒。

2.诊断要点

一般表现为精神不振，食欲废绝，震颤，饮水减少，视力减退以至失明，流泡沫状唾液，步态蹒跚，排出白色或暗褐色水粪。有的表现出神经症状，出现转圈运动、间歇性颈肌强直或颈部弯向一侧，严重时倒地，两腿乱蹬，最后死亡。

剖检时肉眼可见小肠黏膜充血，肠浆膜与肠系膜均有出血斑。心内外膜有斑状或点状出血。肝肿大，色泽淡黄、质硬，肾肿大，肺气肿。有时可见脑质变软、出血、坏死及脑脊髓液增多。

3.防治措施

平时对玉米要妥善存放，使用前要认真检查是否有霉变。发现病鸽，立即停供可疑的玉米，检查玉米尤其是胚乳部位是否发生霉变。救治时可给予 3%~5% 的糖水及 1~2 克硫酸钠、活性炭末或木炭末内服，并加喂维生素 A。同时可进行樟脑油、樟脑磺酸钠或苯甲酸钠咖啡因皮下注射。

第六节　鸽的营养性疾病

一、蛋白质与氨基酸缺乏

蛋白质是生命的基础，约由 20 种起重要营养作用的氨基酸组成，蛋白质对于鸽子的生物学价值取决于氨基酸的组成种类，鸽子生长发育需 12~13 种氨基酸。

1. 病状

蛋白质缺乏会引起鸽子生长缓慢，发育停滞，畏寒，体温低于正常，食欲减退，消瘦疲劳，体重减轻，贫血，繁殖力减弱或完全丧失，抗病力降低，外伤不易愈合，流血不止，血液稀薄而凝固不良，皮下常有水肿，精神沉郁，无力，运动后呼吸困难且心率快。如蛋氨酸缺乏，可使胆碱或维生素 B_1 缺乏症恶化；赖氨酸缺乏，引起某些品种的鸽子羽毛色素沉着减少；精氨酸缺乏，使翅膀羽毛向上卷曲，鸽羽毛蓬乱。

2. 病变

剖检可见口黏膜及眼结膜苍白，血液稀薄，颜色变淡，常呈粉红色并凝固不良。心冠沟、皮下、肠系膜等部位原有的脂肪组织已被胶样浸润所代替。皮下水肿，胸、腹腔及心包腔积液，肝脏缩小。

3. 诊断要点

根据鸽的临诊症状、日粮的蛋白质含量情况，饲料营养成分的分析结果，可以基本判定。此外，应注意日粮的配料是否单一，如果鸽日粮单一，调整饲料配方，增加蛋白质，特别是增加鱼粉、肝粉、血粉、肉骨粉等动物性蛋白质添加量，看鸽群病情是否好转，有助于诊断。

4. 防治措施

如发生蛋白质及氨基酸缺乏症时，对症下药，配制营养全面的饲料，及时补给所缺营养物质，这对初期缺乏的病鸽有良好的效果。预防工作主要是平时根据鸽的不同生理、生长阶段配足所需的蛋白质与氨基酸，饲喂日粮应避免只使用一种日粮，以防止日粮单一造成蛋白质、氨基酸不平衡。

二、维生素 A 缺乏症

维生素 A 具有维持上皮组织完整性、维持视觉正常和生长发育及提高鸽繁殖率的生理功能。饲喂的饲料、保健砂中维生素 A 缺乏会引起本病的发生。当鸽体内缺少维生素 A 时，会破坏新陈代谢而引起痉挛、麻痹、肌肉衰弱、生长发育迟缓、眼炎或失明等。

1. 诊断要点

本病不具有流行性。病鸽羽毛松乱、精神不振、消瘦、衰弱。产蛋减少，蛋的孵化率下降，蛋内还可能有血斑。成年鸽眼睑闭合，眼周围的皮肤粗糙，眼球干涸，眼内有乳白色的干酪样物质。幼鸽会出现站立不稳、头颈扭转或向后退等神经症状。诊断时注意将本病与维生素 E 缺乏相区别。

剖检可见咽部黏膜上皮角质化，上皮内充满分泌物及坏死物。黏膜出现小脓疱状凸起，但分离时不会引起出血。肾输尿管、心、心包、脾等器官有白色的尿酸盐沉积，亦称内脏痛风，这是肾功能严重障碍所致。

2. 防治措施

鸽维生素 A 缺乏可在饲料中适当添加胡萝卜、青菜或水果加以预防，连续 2 周给予正常需要量的 2 倍；用鱼肝油治疗，浓鱼肝油 1 滴/天，连用 3 天，眼有分泌物或上下眼睑粘连时可用 3% 硼酸水清洗。维生素 A 极易被氧化，与维生素 E 有拮抗作用，要做好饲料的加工、运输、贮存工作，减少维生素 A 的破坏。

三、维生素 B_1 缺乏症

维生素 B_1 又称硫胺素，其以辅酶的形式参与糖的代谢，可以抑制胆碱酯酶的活性，保证胆碱能神经信号的正常传递。饲料放置时间过长会使维生素 B_1 受到破坏；饲料过于单一，尤其是缺乏糠麸类和青绿饲料也容易引起维生素 B_1 缺乏。青年鸽更易发生。

1. 诊断要点

维生素 B_1 缺乏时会引起食欲不振，嗜睡，头部震颤，体重下降，两腿无力，步伐不稳，不爱叫，活动减少，肌肉麻痹。急性发作时，可能头颈上仰，羽毛松乱，体重下降。成年鸽开始时发生于趾部，然后向上扩展，随后出现向躯干、翅、颈部发展的上行性麻痹。病鸽会突然发生全身抽搐，呈观星状，阵发性发作。

2. 防治措施

病情轻的可在饲料或饮水中补充维生素 B_1 或复合维生素 B，病情严重的应当采取肌内注射，每次 10 毫克，1 天 1 次或 2 天 1 次。另外，尽量避免将维生素 B 与碱性物质混合使用。

四、维生素 D 缺乏症

维生素 D 又称钙化醇，其种类较多。维生素 D 与钙、磷代谢有关，可以促进机体对钙的吸收，是维持机体钙、磷代谢所必需的物质，有助于骨髓的生长发育。维生素 D 缺乏症是由于维生素 D 缺乏所引起的一种营养代谢性疾病，以幼鸽佝偻病为特征。

1. 诊断要点

幼鸽缺乏维生素 D 时会导致鸽背部脊椎和胸肋相接处向内弯，形成一条肋骨内弯沟现象，肋骨和脊椎交接处肿胀呈串珠样，胫骨和股骨的骨骺钙化不良，生长发育异常，喙、爪、龙骨、胸骨变软、弯曲，关节肿大，骨骼变软，从而表现为佝偻病症状，严重时喙不能啄食。成年鸽维生素 D 缺乏主要表现为产畸形蛋、软壳蛋或薄壳蛋，产蛋数不足。

2. 防治措施

幼鸽可进行个别治疗，一次性喂服 15000 国际单位维生素 D，然后保证适量供应。一次性肌内注射维生素 D，每千克体重 1000 国际单位，或每 100 千克饲料中加鱼肝油 50 毫克和复合维生素 25 克。重症鸽可逐只滴喂鱼肝油，每次 2~3 滴，每天 1 次。

本病的预防重在平时的日粮中要保证鸽对维生素 D 的需要，但也不可盲目加大剂量，否则会造成肾脏的损害。

五、维生素 E 缺乏症

维生素 E 又称生育酚，是一组具有生物活性、化学结构相似的酚类化合物。存在于植物组织中，具有抗氧化、维持正常生殖机能、调节性腺发育等功能。饲料存放时间过长或者已经变质可引起鸽维生素 E 缺乏症。

1. 诊断要点

成年鸽发病症状表现不明显，主要是幼鸽表现为出现头后仰或扭转、转圈，最后衰竭而死。

缺乏维生素 E 时幼鸽会发生共济失调，行走困难，不能站立，头颈后仰，弯曲成 "S" 状，两脚急速收缩与放松、脚趾弯曲等神经症状。病情加重后几日内死亡。成年公鸽睾丸变性萎缩，精子运动异常，甚至不能产生精子，繁殖率及蛋的孵化率有所下降，成年母鸽卵巢机能下降。有的表现为皮下水肿，见绿蓝色的黏性液体，尤其是腹部皮下最为明显，有时透过皮肤即可看到。死后剖检可见脑组织坏死，淡红、淡褐或黄绿色。

2. 防治措施

发病后对于病情不严重的鸽可及时喂服维生素 E，每次 5 毫克，1 天 2~3 次，收效较快，也可将植物油添加到饲料中喂服。病情较重者则较难治愈。平时应注意饲料放置时间不宜过长，冬季应 <8 小时，夏季应 <4 小时，保证日粮中有充足的维生素 E，在繁殖季节还应多添加一点。

六、维生素 K 缺乏症

维生素 K 是构成凝血酶原、维持血液正常凝固性必不可少的物质，在植物中含量丰富，因鸽不能像其他家禽那样可在肠道中大量合成，故维生素 K 缺乏症较易发生。较长时间或较大剂量地使用磺胺喹噁啉可引起该病。

1. 诊断要点

病鸽全身性机能障碍，贫血，排血样稀粪，鸽蛋孵化后期残废率增大。血液凝固不良和出血，出血呈点状或条状，肌肉、翅膀尤其严重。

剖检可见皮肤和皮下出血，或形成血肿，肺出血和胸腹腔积血，部分病死鸽见肝有一两点芝麻大至绿豆大灰白色或黄色的坏死灶。

2. 防治措施

病鸽及时补给维生素 K，恢复凝血功能，但贫血症状恢复较慢，需要长期注意补给，还需要加强饲养管理。

第七节　鸽的其他疾病

一、嗉囊病

鸽的嗉囊病通常包括嗉囊炎、嗉囊积食、嗉囊积液等，是肉鸽养殖业中的一种常见疾病。

1. 病因

引起嗉囊病的病因一般可分为两个方面，包括病原性因素和非病原性因素。病原性因素：由于外力作用下嗉囊受到创伤导致病原微生物的侵袭或口腔细菌感染蔓延，都可引起嗉囊炎，一般霉菌、白色念珠菌、毛滴虫和蛔虫等会引起发病。非病原性因素：主要是由于饲养不当。环境卫生差、鸽群饮用不清洁的水、吃了霉变的饲料等可引起嗉囊积食、嗉囊积液。

2. 诊断要点

临床症状：病鸽嗉囊有明显的增大，精神沉郁、食欲不振、饮水减少，口腔内有黏液，严重者可出现呼吸困难。触摸嗉囊时，嗉囊积食的鸽嗉囊有结实感，内充满未消化的饲料；嗉囊积液的有波动感，呕吐，并带有酸臭气味，倒提时水样物质经口流出；嗉囊炎则有明显疼痛感。本类病可根据临床症状作出初步判断。

3. 防治措施

由于嗉囊病的复杂性，需确定病因再进行治疗。

嗉囊炎应喂服抗生素甚至嗉囊内注射抗生素；若由真菌感染引起，则用抗真菌药。

嗉囊积食应立即停止喂食，可给肉鸽灌服 2% 的盐水，使嗉囊中食物软化。灌洗嗉囊 2~3 次，排出食物后再喂给健胃药，以促进内容物消化。严重积食鸽必须将嗉囊切一小口取出积食，然后将刀口缝合，使用抗生素，几日便可恢复。同时发霉的饲料、保健砂应立即更换。

如嗉囊积液应将鸽倒提，轻轻按压嗉囊，使积液排出。若为传染病引起，应按相应传染病的防治方法处理。

本病的预防工作，主要是加强饲养管理，不喂发霉变质的饲料，保证充足、清洁的饮水；加强环境卫生，及时清扫地面；保证鸽子营养均衡，提高抵抗力。

二、胃肠炎

胃肠炎是鸽常发的一种消化道疾病，各种年龄的鸽都可发生，尤其是幼鸽和青年鸽最容易发生。

1. 病因

鸽舍环境较差、阴暗潮湿、气候变化太大导致胃肠道病原菌增加，引起胃肠炎。饲养管理不当，喂食劣质、发霉变质、被污染的饲料，突然更换饲料配方，缺乏维生素或微量元素，副伤寒、球虫病、鸟疫等疾病也可导致继发性发病。

2. 诊断要点

临床症状：病鸽精神沉郁、羽毛脏乱、食欲减退甚至废绝、目光呆滞、不愿活动，腹部膨胀，消化不良。水样、黏液样稀粪，初期呈白色或绿色，严重者呈黏性墨绿色或红色、红褐色的血便，这是由于小肠出血导致。

病理剖检：可见胃肠黏膜充血、出血，有坏死灶、黏膜易剥离，肠道内充满恶臭气味、肠壁变薄。

如果亲鸽患有胃肠炎，在哺育过程中会把病传给乳鸽。

3. 防治措施

发病鸽口服磺胺脒，第一次服用半片，以后服用 1/4 片，每日 3 次。病情严重鸽可肌注或口服氯霉素，每只每次 100 毫克，口服每天

2 次，肌注每天 1 次，连用 2~3 天；另外也可用氟哌酸、黄连素、磺胺类药物进行治疗。若亲鸽发病，在治疗亲鸽的同时还应对其哺育的雏鸽进行预防。在治疗的同时应给病鸽饲喂易消化的饲料，供给充足的清洁饮水，饮水中可加入少量食盐（1 升水加 9 克盐）。

平时对鸽群要做好饲养管理工作，尤其是在春夏季节，要注意饲料和饮水的卫生，尤其要注意饲料搭配，加强鸽群抵抗力。

三、肺炎

肺炎是严重的呼吸道疾病，任何年龄的鸽子均可发生，一般幼鸽和抵抗力弱鸽易发。

1. 病因

通风不良，空气流动性差，舍内空气浑浊；异物入侵；天气突变；饲料霉变；病原菌侵袭等因素都可引起肺炎。

2. 诊断要点

临床症状：病初精神沉郁，便秘，食欲减退，口渴，打喷嚏，呼吸加快，表现为伸颈张口吸气。口腔等可视黏膜发绀，支气管啰音，严重的鸽子会因呼吸困难、窒息而死。

病理剖检：气囊浑浊，肺充血、出血或水肿，表面有纤维蛋白物附着。严重的可见多样性肺坏死，肺内有颗粒状黄色干酪样物质。

3. 防治措施

预防本病应平时注意搞好清洁卫生，加强饲养管理，尤其要防止幼鸽和雏鸽突然受凉，并排出鸽舍内的刺激性气体。饲料要质好新鲜，不喂霉变饲料，在日粮中供应足够的维生素，以增强鸽子的抗病能力。在口服投药或人工喂雏时要格外小心，勿让药物或饲料误入气管和肺部。

病鸽可用下列药物进行治疗：

（1）青霉素或链霉素肌注或口服，每次每只 2 万单位，每天 2 次，连用 3~4 天；口服剂量增大 1 倍。

（2）庆大霉素肌注，每只每次 8000~10000 单位，每天 1 次，连用 3~4 天；口服每只 2 万单位，连用 3~4 天。

（3）配合中药治疗效果更好，每天一剂，连用 3 天。

（4）平时服用维生素 C、鱼肝油、酵母片。

四、啄癖

啄癖是指有食羽癖、啄趾癖、啄肛癖等异常行为，属于饲养管理中存在某些不当因素造成的一种异食现象。

1. 病因

本病主要由两个方面造成。营养因素：饲料中缺乏钠盐，维生素 D、维生素 B$_{12}$ 等不足，或者钙磷比例失调等。环境因素：饲养密度过大，活动空间小，争抢饲料、水，通风不畅，产生有害气体。

2. 诊断要点

可根据鸽群的异常表现做出诊断。有啄癖的鸽子对绳子、垫草、沙砾、碎石以及自身的羽毛、肛门、粪便等有兴趣。群养鸽会出现许多鸽追啄一只鸽的某个部位的异常现象。

3. 防治措施

如发现有啄癖的鸽子应及时隔离，单独饲养。本病的防治主要是加强平时的饲养管理，保证饲料的配比、营养均衡，管理上要做到饲养密度适中，加强通风换气，保持适当光照。

五、创伤

创伤是一类常见的外科疾病，大多由饲养管理不当造成。

1. 病因

因物理性因素造成：采用劣质的栏舍、笼具、用具，表面粗糙不光滑，金属尖锐外露导致鸽子被刺伤。或因饲养管理不当，雄多雌少等不利因素均可引发本病。

2. 诊断要点

本病可根据外观可见的损伤或异常表现做出诊断，一般表现为破损、肿胀、充血、出血、坏死、溃烂、缺损、疼痛等。

3. 防治措施

轻度创伤可自行愈合，也可用较温和的消毒液如双氧水、

0.1%高锰酸钾溶液等将创口轻轻冲洗，然后撒布磺胺粉或抹上磺胺软膏、鱼石脂软膏等。重度创伤则需采取外科手术并辅以全身抗感染疗法。

本病的预防主要是消除造成创伤的各种因素并加强平时的饲养管理工作。

六、肿瘤病

1. 病因

肿瘤是指机体在致瘤因子作用下，鸽体局部组织细胞增生所形成的肿块，呈占位性块状突起。

2. 诊断要点

肿瘤前期的症状不明显，有突出体表的肿块，随着肿瘤的生长，鸽体逐渐消瘦，患部可触及界限明显、质地坚实的隆起肿块，肿块温度无变化。如不及时治疗，可不断地增大，最终死亡。

3. 防治措施

对浅表（如嗉囊、肌肤上）的肿瘤，可进行手术摘除。方法是：先将术部消毒，用高压灭菌过的手术刀切开患部中央的皮肤，然后将肌肉与肌肉间及肿瘤与周围相连的组织进行钝性分离，用棉线结扎肿瘤基部，然后摘除肿瘤，最后缝合和消毒创口，为防术后感染，要加强护理，使之尽快愈合。对有深层肿瘤的鸽应予以淘汰。

七、痛风

1. 病因

痛风是尿酸盐在鸽子体内蓄积导致的一种营养代谢病。饲料中的蛋白质含量过多、尿酸盐代谢障碍，长时间或大剂量服用某些对肾功能有损害的药物，均可诱发痛风。

2. 诊断要点

临床症状：本病有内脏痛风及关节痛风两种类型，以内脏痛风发病为主。内脏痛风病鸽精神沉抑、食欲不振，排出白色水样或糊状稀粪。关节痛风局限于关节部位，肢体关节肿大、疼痛，尤以跗关节严重，关节局部温度升高，跛行或卧地不起，久病消瘦、贫血甚至死亡。

剖检特征：内脏型痛风最具特征性的病变是心、肝、肾、肠浆膜、肠系膜，甚至整个胸、腹腔被覆一层粗糙、石灰样的白色尿酸盐沉积物。关节型痛风的病变主要在关节部位，关节内及周围的软组织有白色尿酸盐沉积。

3. 防治措施

首先停用可疑的饲料或药物，加大饮水。也可用金钱草、车前草等利水中草药适量煎水，饮服 2~3 天。平时应注意不喂蛋白质过高的饲料，更不能长时间或大剂量服用某些对肾脏、肝脏功能有损害的药物，注意饲料的营养搭配。

八、皮下气肿

1. 病因

皮下气肿是由于鸽子之间相互扑击、打斗造成的创伤及抓捕时用力过度、突然受惊吓等原因引起体内气囊破裂、气体扩散至皮下所致。某些产气细菌局部感染，也可在皮下产生气体。

2. 防治措施

由细菌感染引起的，需使用抗菌药物治疗；由其他原因所致的，则可进行局部穿刺放气治疗。放气方法是：在气肿局部用消毒药棉消毒后，用事先已消毒的 8 号或 9 号注射针头刺入气肿部位，同时轻压该部，促进气体排出。要控制本病的发生，主要需要提供安静的饲养环境，确保鸽群安静。

九、热射病及日射病

1. 病因

热射病是由于炎热季节栏舍内鸽群密度过大、圈舍拥挤、通风不良、供水不足或因密闭不通风的长途运输等原因引起。日射病发病是由于在炎热季节和烈日下，阳光直射头部所致，如在阳光下无遮阴地放养，或敞篷车运输，加之供水不足或缺乏等。

2. 诊断要点

发病时，病鸽体温急剧升高，翅膀翘起，张口呼吸。可视黏膜发绀，意识不清，昏迷，严重的死亡。剖检可见皮下、脑、内脏及全身各部充血。根据以上特点，结合高温高热可予以诊断。

3. 防治措施

立即通风换气，或将鸽群移至通风、阴凉处，并保持安静。病情严重的，可每鸽皮下注射安息香酸钠咖啡因 0.2 毫升或樟脑磺酸钠、樟脑油、尼可刹米等中枢神经兴奋剂，补充体液纠正水和电解质的平衡，以防酸中毒。平时做好防暑降温工作，保持栏舍通风良好，加强散热。此外，饮水要充足，鸽群的密度要适中。

第五章

鸽场的建设与装备

第一节 鸽场的建设

一、场址的选择

鸽场址的选择是否合理,对鸽群的生产性能、健康状况、生产效率和经济效益等都有巨大的影响。因此,必须按照建场的原则要求,并根据实际条件,在对所处的土地性质与自然条件进行调查研究和综合分析的基础上,进行规划。自然条件包括地势地形、水源水质、土壤、气候、电源、交通、防疫等因素。

(一)符合用地规划、畜牧法规定区域

畜牧法第四十条:禁止在下列区域内建设畜禽养殖场、养殖小区。

(1)生活饮用水的水源保护区、风景名胜区,以及自然保护区的核心区和缓冲区。

(2)城镇居民区、文化教育科学研究区等人口集中区域(文教科研区、医疗区、商业区、工业区、游览区等人口集中区)。

(3)法律、法规规定的其他禁养区域(《畜禽养殖业污染防治技术规范》中规定:"新建、改建、扩建的畜禽养殖场选址应避开规定的禁建区域,在禁建区域附近建设的,应设在规定的禁建区域常年主导风向的下风向或侧风向处,场界与禁建区域边界的最小距离不得小于500米)。

(二)自然条件

1.地势地形

鸽场应建在地势高燥、向阳背风处。开放式鸽舍选择朝南或朝南偏东方向,密闭式鸽舍则不必考虑朝向。鸽舍最好高于地平面0.5米,以利于光照、通风和排水。在山坡上、丘陵一带建场,可建在南坡上,坡度不超过20°。鸽场和鸽舍切忌建在低洼潮湿之处,因潮湿的环境易于滋生、

繁殖病原微生物，使鸽群发生疫病。但也不应该建在山顶和高坡上，因高处风大，且不易保温。在降雨量较大的地区，要考虑所选场地具有一定的抗洪能力，有完善的排水系统，添置排洪设备，便于排水。

2. 水源水质

鸽场要有可靠和充足的水源，能满足鸽场用水，鸽场的用水量应以夏季最大耗水量来计算。要了解水的酸碱度、硬度、有无污染源和重金属物质等，最好请有关部门对水质进行化验，确保水质的清洁卫生。也可选用自来水作为鸽场的水源。为了人和鸽子的健康和安全，未经消毒的地表水不能用作鸽饮用水。

3. 地质土壤

要了解拟建场地区的地质状况，主要是收集当地地层的构造情况，如断层和地下流沙等情况。鸽场的土质最好是含石灰和沙壤土的土质，这种土壤排水良好，导热性较小，微生物不易繁殖，合乎卫生要求。对于遇到土层结构不利于房舍基础建造的场地，要及早易地勘察，防止造成不必要的资金浪费。

4. 气候因素

要对当地的全年平均气温、最高最低气温、降雨量、最大风力、常年主导风向、日照等气象因素有一个综合了解，据此确定房舍隔热材料选择、鸽舍朝向、鸽舍间距、排列顺序和设备配置，为鸽子提供适宜的生活环境。

5. 电源条件

鸽舍内照明、通风、降温、饲料加工都要用电。经常停电，对鸽场生产影响很大。因此，电源必须稳定可靠，电量以最大负载计算，要能满足生产需要。在经常停电的地区，鸽场需要自备发电机，以防停电，保证生产、生活的正常运行。

6. 交通情况

鸽场的饲料和产品均需要大量的运输能力，拟建场区的交通运输条件要能满足生产需要。鸽场所处位置要交通方便，道路平坦，但又不可离公路的主干线过近，最少要距离 500 米以上，接近次要公路，一般距离 100~150 米为宜。

7. 防疫

拟建场地的环境及防疫条件好坏是影响日后饲养成败的关键因素。特别注意不要在旧饲养场上重建或扩建，因为这会给鸽场防疫工作带来很大困难。要距离水源地、屠宰场、农贸市场、其他畜牧场和化工厂500米以上；距离种畜禽场1000米以上；距离动物隔离和无害化处理场所3000米以上；距离居民点和铁路、公路主干线及噪声大的工厂500米以上（图5-1）。

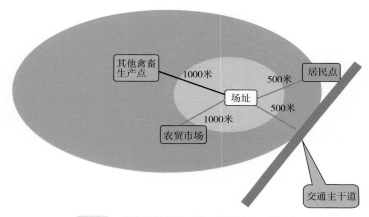

图 5-1　鸽场距离交通干线、居民区500米以上

二、鸽场的规划与布局

无论是中、小规模的鸽场，还是大型综合性鸽场，不管建筑物的种类和数量多与少，都必须合理规划布局，才能有利于生产、有利于防疫。

（一）总体布局原则

1. 分区建设

根据主导风向、地势及不同年龄的鸽群等，确定各区位置及顺序。生产区与行政管理区和生活区要分开。

2. 净污分道

鸽场的道路分为净道和污道。净道不能和污道相通。

3. 合理间距

各区间和鸽舍间要有适宜的间距,以利于防疫、排污和日照的要求。按排污要求间距为 2 倍鸽舍檐高;按日照要求间距为 1.5~2 倍鸽舍檐高;按防疫要求间距为 3~5 倍鸽舍檐高。因此,鸽舍间距一般取 3~5 倍鸽舍檐高,即可满足上述要求。

视频 5-1

扫码观看:场区布局

场区总体布局见视频 5-1。

(二)各区具体布局

鸽场通常分为生产区、辅助生产区、行政管理区、生活区等。鸽场各个区的布局,不仅要考虑到人员和生活场所的环境保护,尽量减少饲料粉尘、粪便气味和其他废物的影响,还要考虑到鸽群的防疫卫生,尽量杜绝污染物对鸽群环境的污染。也要考虑到地势和风向因素,依地势高低和主导风向将各种房舍从防疫角度给予合理排列。

1. 生产区

根据主导风向,按童鸽舍、青年鸽舍、产鸽舍等顺序排列。即童鸽舍、青年鸽舍在上风处,产鸽舍在下风处。各幢鸽舍之间应有 10~15 米的间距,以利通风和防疫。

2. 辅助生产区

包括饲料加工车间、药品疫苗库、物资库和兽医室等,为了便于生产,辅助生产区靠近生产区,饲料加工车间的成品仓库出口朝向生产区,与生产区间有隔离消毒池。兽医室应设在生产区一角,只对区内开门,为便于病鸽处理,通常设在下风处。

3. 行政管理区

包括传达室、办公室、财务室、会议室、更衣室和进场消毒室等,应设在生产区风向上方或平行的另一侧,距离生产区有一定的距离,以便防疫。

4. 生活区

生活区主要是指饲养员的生活场所,包括宿舍、食堂、淋浴房、洗衣房、值班房、配电房、发电房、泵房和厕所等。从防疫的角度出发,生活区和生产区应保持一定的距离,同时限制外来人员进入。

5. 道路

鸽场的道路最好是硬化路面，便于清扫和消毒。两者间应以草坪或林带相隔离。

6. 绿化

场区绿化是养鸽场建设的重要内容，不仅美化环境，更重要的是净化空气、降低噪声、调节小气候、改善生态平衡。建设鸽场时应有绿化规划，且必须与场区总平面布局设计同时进行。在场区周围可种植绿化效果好、产生花粉少和不产生花絮的树种（例如柏树、松树、冬青树、楸木等），尽量减少黄土裸露的面积，降低粉尘。鸽舍间空地可种植不影响通风、易生长、抗病性强的中草药经济植物，如花椒树、大蒜、金银花等。产品可以直接在鸽场作为功能性饲料使用。

（三）鸽场常见布局

1. 单列布局

单列布局常见于小型鸽场，由于规模相对较小，一般只分两个区，一个为生产区，另一个为集生活、办公和饲料加工为一体的综合区，生产区分青年鸽舍和产鸽舍两类，按顺序布局（图5-2）。

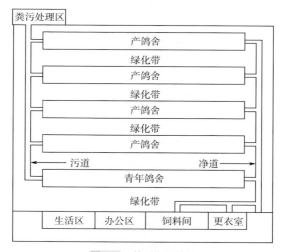

图5-2　单列布局鸽场

2. 双列布局

双列布局常见于中型鸽场，一般分生产区、辅助生产区、办公生活区。生产区分青年鸽舍和产鸽舍两类，按顺序排成对称的两列。辅助生产区包括饲料加工车间、兽医室、发电房和物资库等。场区布局示意见图5-3。

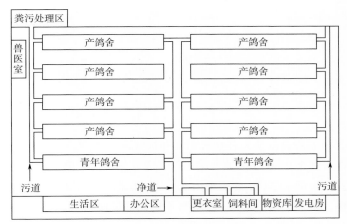

图 5-3　双列布局鸽场

3. 分区布局

分区布局常见于大型鸽场，一般分生产区、辅助生产区、生活区、行政管理区。各区间有一定隔离，生产区又分童鸽区、青年鸽区和产鸽区（祖代、父母代）。辅助生产区包括饲料车间、兽医室、发电房和物资库等。场区布局示意见图5-4。

三、鸽舍类型与设计要求

鸽舍建设总体要求应该是冬季保暖、夏季通风、舍内空气和透光度好。在我国南方炎热的地区，往往修建只有简易顶棚而四壁全部敞开的全开放式鸽舍，而在我国北方寒冷的地区，往往借鉴鸡舍标准修建密闭式鸽舍。根据鸽子的生理习性，本书主要推荐全国通用的鸽舍建设。

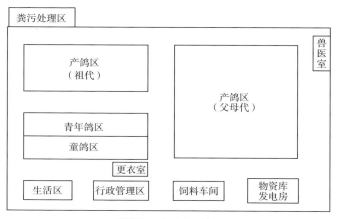

图5-4　分区布局鸽场

目前鸽舍通常分为开放式和半开放式两种类型，一般建造东西走向，单栋鸽舍长60~80米、宽10.2~12.8米。鸽舍檐高3.0~3.5米。鸽舍整体为钢架结构，屋面采用7.5~15厘米厚硬质聚氨酯泡沫塑料、玻璃棉、岩棉等夹心彩板，透明与不透明的间隔排列。屋面坡度宜为15%~25%，挑檐为0.25~0.3米。

（一）鸽舍类型

1.开放式鸽舍

开放式鸽舍多为青年鸽舍。舍顶呈"人"字形，鸽舍顶漏空，加装"人"字形"气楼"，"气楼"距离舍顶0.4~0.5米，便于通风。鸽舍东西端砖墙，设有推拉门（左右或上下）。鸽舍南北侧开放，外侧撑单层垂直卷帘薄膜，根据天气情况启闭，夏季防风防雨。冬季严寒地域，可在鸽舍南北外侧架设弓形钢架，附以透明塑料膜，根据环境温度打开或关闭（视频5-2，图5-5）。

每栋青年鸽舍内中间或两边留有通道，一般中间通道宽设置1.8~2.0米或两边通道各设置1.0~1.2米，底网离地0.9~1.0米。舍内架设

视频5-2

扫码观看：开放式鸽舍

栖架，周围安置料槽、饮水槽和沙杯，同时根据生产实况间隔成若干独立小间，以活动门相通（图 5-6）。

图 5-5　开放式青年鸽舍外部构造
（杨晓明　摄）

图 5-6　开放式青年鸽舍内部构造
（杨晓明　摄）

2. 半开放式鸽舍

半开放式鸽舍多为产鸽舍，一般呈东西向排列。鸽舍顶呈"人"形，间隔 6.0~7.0 米顺次安装动力风机。鸽舍东西两端为砖墙，离地 2.2~2.6 米处设有两处通风窗口，单窗宽 1.5~1.8 米、高 1.2~1.5 米。南北侧是 0.6~0.8 米高的矮砖墙，开放处围绕防护网，外侧布单层垂直卷帘薄膜，根据天气情况启闭，夏季防风防雨。鸽舍门开在鸽舍两端朝南侧。鸽舍内两侧方管立柱上架设轨道，便于安装自动喂料机。北方气温较低地域，可在鸽舍南北外侧架设弓形钢架，附以透明塑料膜，由自动卷帘系统控制，根据环境温度打开或关闭。室外温度有持续低于 −5℃ 的地域，可在弓形膜外增设双层防水大棚保温被（视频 5-3，图 5-7）。

鸽舍内分两排四列，两两首尾、背对相连。单组笼三层四列共 12 个笼室（图 5-8）。

（二）鸽舍建筑设计考虑因素

1. 通风换气

通风是衡量鸽舍环境的第一要素。通风的

视频 5-3
扫码观看：半开放式鸽舍

目的主要是进行气体交换、排湿、散热等。只有通风性能良好的鸽舍才能保证鸽群的健康生长和发挥良好生产性能。

图 5-7 半开放式产鸽舍外部构造
（杨晓明 摄）

图 5-8 半开放式产鸽舍内部构造
（杨晓明 摄）

鸽舍通风方式有两种：一种为自然通风，另一种为机械通风。自然通风是指不需机械动力，而依靠自然界的风压和热压，产生空气流动而形成气体交换。机械通风，是指利用风机形成舍内的正压或负压，达到空气交换的目的。目前普遍采用的纵向负压通风，是在鸽舍一端的山墙上安装轴流风机，在另一端山墙上设有进风口，即由场区净道端进气、污道端排气。采用纵向负压通风设计时，鸽舍两侧和屋顶密封性能一定要好。目前主要用在产鸽舍。

2. 光照

鸽对光线十分敏感。光照时间的长短、光照强度的大小，对鸽都会产生明显的影响。不同生长发育阶段的鸽群，对光照时间的需要不同，应从不同阶段鸽群的光照管理上加以解决，如果光照强度太强，容易发生啄癖。在建造产鸽舍时，特别要综合考虑檐高与屋面出檐的长短。

3. 保温隔热

鸽舍温度对鸽的繁殖与生长发育至关重要。鸽的最适环境温度是18~24℃。从我国目前条件来说，是无法使鸽舍环境温度始终达到这一最适温度指标的，但可以通过对鸽舍的类型和建筑材料进行选择，使环境温度尽量控制在鸽的生理调节范围内。为有效地起到保温隔热效果，一方面应选用保温性能好的建筑材料，另一方面可以通过人工辅助的供热或降温措施，以达到调节舍内温度的目的。

4. 清洗消毒

鸽舍要便于清洗消毒，否则很容易滋生病菌。鸽舍内地面应硬化、结实、耐磨、光洁、保温、不积水、易清扫冲洗，能耐受各种形式的消毒，高度比场区地面高 0.3 米以上。在中间走道设置冲洗污水排放暗管（带盖板），与舍外沉淀池连接，并做防渗漏、防鼠处理。鸽舍内墙壁也要用水泥抹平。

四、孵化厂建设

孵化厂建设相对独立，地势平坦，通风干爽，排水方便，光线充足，与养殖区、生活管理区具有隔离措施。

孵化厂房面积根据公司生产实际需要而定，建筑符合安全卫生要求，建筑材料便于消毒冲洗，孵化车间通风效果良好，具有防鼠、防鸟设施。

孵化厂内设置种蛋处理室、种蛋消毒室、种蛋贮存室、孵化室、出雏室、雏鸽处理室、洗消室。孵化室应保持温度与湿度相对稳定，温度 20~30℃，湿度 55%~70%，有专门的通风口。孵化厂门口应设立车辆消毒池、消毒廊和更衣室。

五、饲料加工厂建设

饲料加工厂主要由饲料加工车间和饲料库两部分组成。建设要求地势要高，通风条件良好，地面、墙壁要做防潮隔湿处理。多采用钢架结构。

饲料加工车间面积根据公司生产实际需要而定，一般长 40~60 米、宽 12~14 米、檐高 4~5 米，厂房高度根据所选加工设备来定。

饲料库包括原料库和成品库。原料库靠外，对外开门，门要宽且高，便于饲料原料进入。成品库靠内，对场内开门，并有路和净道相连，便于饲料运入生产区。因原料库存量大，所以原料库要相对大一些。饲料库配置防鼠、防鸟设施，平时保证空气流通，不闷热，不被太阳直照，不被雨淋，干燥、阴凉等。

六、粪污处理区的建设

依照我国有关畜禽养殖场环保的现行要求，规模化养殖场必须建有独立的粪污处理区和配备有一定的粪污处理设施。粪污处理区的建设及设施设备购置要求应与该养殖场所处的周边环境、粪污处理工艺选择和养殖规模大小有关。

（一）处理区的位置要求

根据《中华人民共和国环境保护法》《中华人民共和国环境影响评价法》《中华人民共和国畜牧法》《中华人民共和国动物防疫法》《中华人民共和国水污染防治法》和《畜禽养殖污染防治管理办法》等法律、法规，鸽粪处理区至少距河道、村庄和学校等 1000 米以上，距其它畜禽养殖场、屠宰场和畜禽交易市场等 3000 米以上，而且处理区的位置还应该选择在鸽场的下风口。

（二）堆粪棚建设及配套设施

1. 堆粪棚建设（图 5-9）

要求水泥地面硬化 15 厘米厚度，方便车辆运输，顶部一般是 10 厘米外延钢架结构棚，充分做到防雨，四周也要求至少 1 米高度的砖混水泥墙，防污水渗漏。

图 5-9 鸽场堆粪棚建设

（范建华 摄）

图 5-10 鸽粪塔式发酵处理设备

（范建华 摄）

2. 配套设施

鸽粪的发酵器处理方式通常选用塔式发酵罐（图 5-10）。该模式占地面积小，清洁生产。发酵罐进料口位置设置一般靠近鸽场生产区，出料口朝向交通公路，方便物料运输。发酵罐有 60 立方米、80 立方米和 120 立方米不等容积，处理鸽粪时进料一般不超过罐体容积的 2/3，因此鸽场发酵罐的尺寸及物料存放仓库的建设规模大小应根据该鸽场每天的产粪量确定。1 个 5000 对规模的鸽场，一天约产鲜粪 0.45 吨，建议发酵罐选用 60

立方米，堆粪棚至少 500 平方米。

七、净道、污道的建设

鸽场的净道是指专门运送饲料、健康鸽及鸽蛋和日常从事生产管理的工人专用通道，属于生物安全区或相对洁净区，而污道是指专门运送病死鸽、鸽粪，及其他不安全污染物资和疫情时的紧急通道，属于生物非安全区或相对污染区。

1. 净道、污道规划设计原则

鸽场净污道应分别设置，相对独立，互不相通；净污道应尽量避免交叉，若确实无法回避，则可采取立交桥式相对区分开；净道若严格细分还可分为一级和二级。一级是主生产区，二级是主要物资通道。一级净道所有进出口还应连接消毒通道。一级净道可自由进入二级净道，但二级净道进入一级需要消毒；净污道应设置容易明显区分的标志牌，方便指引人流和物流。

2. 净道、污道建设要求

鸽场净污道的建设没有严格要求，主要是方便人流和物流，以及避免交叉感染。净道的主干道（图 5-11）一般宽度不低于 4 米，拐角区还要加宽，方便饲料车及火灾时消防车通行，地面要求水泥硬化，厚度不少于 15 厘米。通往生产区的一级净道宽度可缩减至 2 米，水泥地面硬化厚度不变，保证场区内部饲料转运车通行即可；根据上述污道的功能要求，污道（图 5-12）宽度一般 2~3 米，水泥地面硬化厚度也不低于 15 厘米。

图 5-11　鸽场净道
（范建华　摄）

图 5-12　鸽场污道
（范建华　摄）

第二节　设施、设备

一、笼具设备

目前常用的笼具根据立体结构的差异主要有阶梯式鸽笼和层叠式鸽笼两种。根据材料的不同又可以分为冷镀锌鸽笼、热镀普锌鸽笼、热镀高锌鸽笼、热浸锌鸽笼以及锌铝合金鸽笼等。不同的材料耐腐蚀性和使用寿命有较大差异，需根据养殖地区的气候条件和成本的控制来综合考虑，选择适宜的鸽笼用具。

（一）阶梯式鸽笼

阶梯式鸽笼（图 5-13）每个单笼宽 50 厘米、深 55~65 厘米、高 45 厘米，分为两层或三层，上下两个单笼部分重叠形成阶梯状，顶笼两边连合，笼底距离地面 25~40 厘米。这种笼具各层之间交错，粪便直接掉到粪槽，用自动刮粪机刮出粪污。

图 5-13　阶梯式鸽笼

（梁博　摄）

（二）层叠式鸽笼

层叠式鸽笼是目前规模化肉鸽养殖最常用的笼具之一，占地面积小、饲养密度大、易于标准化安装，搭配自动喂料和清粪设备可以实现机械化自动操作，降低劳动强度的同时还可以提高经济效益。

层叠式鸽笼按照每组饲养的数量可以分为三层十二位鸽笼、三层二十四位鸽笼以及四层三十二位鸽笼，其他形式数量的鸽笼应用较少。

1. 十二位鸽笼

三层十二位鸽笼（图5-14）是目前肉鸽养殖使用范围最广的传统手工喂养笼具，每组长2米，深55~65厘米，距离地面高度在1.65~1.75米之间，最下层底面距离地面30~40厘米。每组笼具在高度上分为三层，在长度上分为4个笼位，因此每组笼具包含12个笼位。手工喂料时，每个笼子外可悬挂料槽、水槽、保健砂杯等，笼中后侧放置蛋窝，笼底或蛋窝顶放置接粪板。

图5-14　十二位鸽笼
（梁博　摄）

三层十二位鸽笼安装方便，规格成熟，空间适宜，养殖密度适中，各层的操作高度合适，是目前传统手工肉鸽养殖场普遍采用的笼具，配合自动喂料机和底层自动清粪设备，也可以实现自动化养殖。但十二位鸽笼目前最常用的安装方式是吊笼，难以进行自动养殖，同时难以全部解决自动清粪的问题，还是需要手工辅助。

2. 二十四位鸽笼

三层二十四位笼（图5-15）是由两边十二位笼组合而成，每组长2米，左右两边各深60厘米，距离地面高度在1.70~1.80米之间，最下层底面距离地面25~35厘米。每组笼具在高度上分为三层，每层的下部有高10厘米的清粪空间，在长度上分为4个笼位，因此每组笼具包含24个笼位。

三层二十四位笼安装较十二位笼更加方便，空间适宜，养殖密度适中，操作高度合适，多用于自动化养殖的鸽场，通常与自动喂料机和履带式清粪设备一起使用，进行自动化养殖。降低了饲养员的劳动强度，同时提高了养殖效率。但自动化养殖的二十四位笼成本较高，养殖前期需要较大投入。

3. 三十二位鸽笼

四层三十二位笼（图5-16）是由两边四层十六位笼组合而成，每组长2米，左右两边各深55~60厘米，距离地面高度在1.95~2.0米之间，最下层底面距离地面25~30厘米。每组笼具在高度上分为四层，每层的下部有高8厘米的清粪空间，在长度上分为4个笼位，因此每组笼具包含32个笼位。

图5-15　二十四位鸽笼　　　　图5-16　三十二位鸽笼

（梁博　摄）　　　　　　　　（梁博　摄）

三十二位笼养殖密度高，多用于自动化养殖的鸽场，通常与自动喂料机和履带式清粪设备一起使用，养殖效率较二十四位笼更高，适用于追求效益的鸽场使用。但三十二位笼的缺点也比较明显，由于密度高，对通风光照都有不利影响，需要在养殖环境上进行改造，成本较高，养殖前期需要较大投入。

二、喂料设备

（一）传统喂料设备

传统喂料设备一般由料盒和保健砂杯（图5-17）组成。

料盒通常用塑料制成，多呈 U 形，宽 8 厘米左右，长度在 12~20 厘米，高度 6 厘米左右。使用时悬挂于鸽笼外侧，每次将饲料手工投入料盒中，供鸽子食用。

保健砂杯由塑料制成，多为圆柱状，直径 5 厘米左右，高度 6 厘米左右，和料槽同时悬挂在鸽笼外侧。

（二）自动喂料设备

目前鸽子养殖的自动喂料设备主要为行走式喂料机（视频 5-4，图 5-18），主要由驱动电机、控制仪表、车架、料槽、保健砂杯和轨道组成。由仪表控制机器在轨道上往复运动，在料槽中加入饲料，即可实现对鸽子的自动化喂养。

视频 5-4
扫码观看：自动喂料机
行走喂料

图 5-17　料盒、保健砂杯
（梁博　摄）

图 5-18　行走式喂料机
（梁博　摄）

行走式喂料机一般长 1.5~2.0 米，机器的长度一般根据鸽笼的长度来选择，如果鸽笼的长度超过 50 米，需要一条笼安装 2 台喂料机，以实现较好的喂料效果。喂料机的运动分为连续行走和间歇行走两种模式，连续行走可使料机更快完成一个周期的运动，使鸽子及时吃到饲料；间歇行走可以使鸽子充分采食，提高喂料的效果。喂料机的运行时间也可通过控制器进行设置，保证鸽子的采食时间。同时，也可以在喂料机上加装照明设备，在光线较弱的时候进行补光，促进鸽子采食。

自动喂料机在很大程度上减少了饲养员的劳动强度，饲养员每天只需要加1~2次料，即可满足当天的饲料要求。随着我国劳动力成本的不断上涨，机械式喂料机的普及程度日渐提高。减少鸽场人员的同时，也降低了鸽场的管理难度，提高了效率。不过自动喂料机目前还有很多待完善的方面，例如喂料均匀难以照顾到需重点加料的种鸽，每条笼共用一个料槽有传播疾病的风险等。

三、饮水设备

肉鸽的饮水设备主要有自动饮水杯和乳头式饮水器两种，水杯主要应用于传统手工饲养的鸽场，乳头饮水多用于自动化的养殖鸽场中。

（一）自动饮水杯

自动饮水杯（图5-19）是根据水杯里水的自身重力和弹簧弹力的相互作用实现控制水的开关的。水杯通过水管与水箱连接，水在高度的压力下流入水杯中。使用中将水杯悬挂在鸽笼外侧距离鸽笼底面8~10厘米的高度上，方便鸽子饮水。一般的使用中，2对鸽子共用一个水杯。

自动饮水杯是目前使用最广泛的饮水设备，安装简单，实用性强，出水量较大。在养殖密度较大的鸽场，使用效果较好。但自动饮水杯是开放式的饮水设备，水杯中的水容易受到污染，饲料和细尘容易落入水杯中，因此需要经常清洗。管理严格的鸽场甚至每天清洗，饲养员的劳动强度较大。在清洗水杯的过程中，饲养员所使用的清洁工具在清洗的过程中容易交叉感染，造成鸽场疾病的传播。另外，连接水杯的水管直径为8~10毫米，在长时间的使用过程中容易造成堵塞，影响鸽子饮水。

（二）乳头式饮水器

乳头式饮水器（图5-20）在养殖行业的应用非常广泛，尤其在猪、鸡、鸭等已实现自动化养殖的规模饲养业中相当普及，因其卫生、免维护等特点，成为肉鸽养殖饮水设备的发展方向。

图 5-19　自动饮水杯

（梁博　摄）

图 5-20　乳头式饮水器

（梁博　摄）

乳头式饮水器一般由水管接头、乳头、接水碗等三部分组成，也有部分乳头带有排水装置。鸽子在饮水时，只需要轻轻触碰到乳头即可出水，出水的量由水压和乳头的结构共同决定，在选择乳头时一定要考虑到饲养模式对水量的需求。如果保姆鸽带仔较多时，应选择出水量大的乳头保证饮水充足；相反，如果保姆鸽带仔较少时，应选择出水量适中的乳头以减少水的浪费。

使用乳头式饮水器需要注意以下几点：①乳头饮水器的进水和排水系统务必采用 4 分以上的硬水管，方便使用过程中用高压水进行清洁；②乳头的安装高度要适宜，一般在 17~20 厘米的高度较为适宜，以保证乳鸽 15 天以后可以自主饮水。

四、清粪设备

（一）人工清粪设备

人工清粪设备即清粪板（图 5-21），一般为 PP 材质或二手电路板，使用时放置于每层鸽笼下方，清理时需将清粪板取出，使用工具将粪板上的鸽粪清除后，再将粪板放回。此种清粪方式成本较低，但所需时间较长，劳动强度大。

（二）机械清粪设备

1.粪槽式自动刮粪机

粪槽式自动刮粪机（图5-22），在鸽场建设时，在需要清粪的位置增加粪槽，再通过电动刮粪板清除粪槽中的粪便。这种清粪方式在猪的养殖中应用较广，机械化的程度较高。但粪便不易干燥，清粪时噪声、粉尘较大。

图5-21　清粪板
（梁博　摄）

图5-22　粪槽式自动刮粪机
（梁博　摄）

2.履带式清粪机

履带式清粪机（视频5-5，图5-23），目前在鸡、鸭等禽类养殖行业中应用较广，是今后鸽业清粪的发展趋势。主要由清粪机和履带组成，配合鸽笼的结构，实现履带的循环往复运动，再通过清粪机上的刮粪板实现清粪。履带式清粪机可搭配专用的传送带，将清理出来的鸽粪直接输送上车，实现真正的自动清粪。操作方便，降低人的工作量，是现代化鸽场必备的设备。但履带式清粪机成本较高，前期投入较大。

视频5-5
扫码观看：履带式清粪机

五、照明设备

光照对于肉鸽的养殖相当重要，对鸽子的生长发育、交配和产蛋等方面都有一定影响。鸽舍的照明设备由照明线路、灯泡和光控仪组成。

图 5-23 履带式清粪机

（梁博 摄）

（一）照明线路

照明线路的安装除了保证用电安全外，要保持灯泡间距 2.7~3.0 米，灯泡距地面 1.8~2.0 米，每行灯泡交互排列。

（二）灯泡

1. 白炽灯

一般选用 40 瓦或 60 瓦白炽灯，因耗电量较大，近年逐渐被节能灯取代。

2. 节能灯

节能灯要选用暖光型，因其发光效率是白炽灯的 3~4 倍，一般选用 13~20 瓦。

3. 日光灯

一般选用 20~40 瓦日光灯，因发光效率不如节能灯高，近年逐渐被节能灯取代。

（三）光控仪

光控仪又名光照控制器（图 5-24），可以设定开启和关闭的时间，并可以调节光强，方便在需要补光时及时开启和调节。使用期间要经常检查定时钟的准确性。定时钟一般是由电池供电，定时钟走慢时表明电池电力不足，应及时更换新电池。

六、降温、通风设备

鸽舍的通风主要有调节温湿度以及降尘等作用，目前鸽舍多为开放式结构，一般可以实现自然通风，不过在温度过高或者过低时，也需要通风设备的辅助。

1. 吊扇和圆周扇

吊扇和圆周扇置于顶棚或墙内侧壁上，将空气直接吹向鸽体，从而在鸽体附近增加气流速度，促进了蒸发散热。吊扇与圆周扇一般作为自然通风鸽舍的辅助设备，安装位置与数量视鸽舍情况和饲养数量而定。

2. 轴流式风机

轴流式风机（图 5-25）主要由叶轮、集风器、箱体、十字架、护网、百叶窗和电机组成。这种风机所吸入和送出的空气流向与风机叶片轴的方向平行，轴流式风机的特点是：叶片旋转方向可以逆转，旋转方向改变，气流方向随之改变，而通风量不减少。

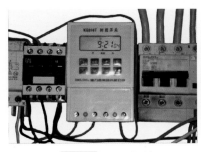

图 5-24　光照控制器

（章双杰　摄）

图 5-25　轴流式风机

（章双杰　摄）

3. 湿帘 – 风机降温系统

湿帘 – 风机降温系统由 IB 型纸质波纹多孔湿帘、低压大流量节能风机、水循环系统（包括水泵、供回水管路、水池、喷水管、滤污网、溢流管、泄水管、回水拦污网、浮球阀等）及控制装置组成。

湿帘 – 风机降温系统一般在密闭式鸽舍里使用，卷帘鸽舍也可以使用,使用时将双层卷帘拉下,使敞开式鸽舍变成密封式鸽舍。在操作间一端南北墙壁上安装湿帘(图5-26)、水循环冷却控制系统,在另一端山墙壁上或两侧墙壁上安装风机。湿帘－风机启动后,整个鸽舍内形成纵向负压通风,经湿帘过滤后冷空气不断进入鸽

图5-26　湿帘
(梁博　摄)

舍,鸽舍内的热空气不断被风机排出,可降低舍温3~6℃,这种防暑降温效果比较理想。

七、供暖设备

通常鸽舍温度在5℃以上时,种鸽仍能照常产蛋、抱孵、哺育雏鸽。当温度低于3℃时,应增设取暖设施,尤其在冬季应注意做好保暖工作。常用的供暖设备有热风炉、木屑炉和地面无烟管道(火炕)等。

(1)热风炉(图5-27)　具有自动控温、自动通风功能,当风口温度达到设定值时设备自动停止工作,使鸽舍内温度保持在一定范围内。

(2)木屑炉(图5-28)　传统加热设备,成本低,操作简单,不易控制。

图5-27　热风炉
(章双杰　摄)

图5-28　木屑炉
(章双杰　摄)

（3）地面无烟管道（火炕） 将无烟管道直接建在鸽舍内，烧火口在鸽舍一端，烟囱在鸽舍另一端，要高出屋顶，使烟畅通（图5-29）。烟道由砖或土坯砌成，一般可使整个舍内温暖。

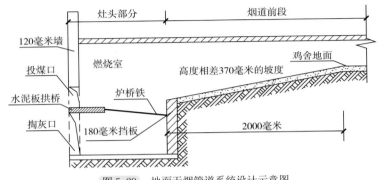

图5-29 地面无烟管道系统设计示意图

肉鸽产品加工
与
营销

第一节　屠宰场建设

一、建场原则与布局

（一）建场原则

1. 交通便利

所选建场区域应具备可靠的水源和电源，周边交通运输方便，并符合当地城乡规划、卫生与环保部门的要求。

2. 环境卫生条件良好

应避开受污染的水体及产生有害气体、烟雾、粉尘或其他污染源的工业企业或场所。

3. 减少气味污染对周边居民的影响

待宰间和屠宰车间的非清洁区与居住区、学校和医院的卫生防护距离应符合现行国家标准 GB 18078.1（表 6-1）的规定，地处复杂地形条件下时参照 GB/T 3840—1991 中的 7.6 规定执行。卫生防护距离范围内、种植浓密的乔木类植物绿化隔离带（宽度不少于 10 米）的企业，可按卫生防护距离标准限值的 90% 执行，注意选择对特征污染物具有抗性或吸附特性的树种。

表 6-1　屠宰及肉类（禽类）加工生产企业卫生防护距离限值

生产规模 /（万只 / 年）	所在地区近五年平均风速 /（米 / 秒）	卫生防护距离 / 米
≤ 2	<2	500
	≥ 2	300
>2，≤ 4	<2	600
	≥ 2	400
>4	<2	700
	≥ 2	500

4.远离城市水源地

场址选择应远离城市水源地和城市给水、取水口，其附近应有城市污水排放管网或允许排入的最终受纳水体。

（二）布局

屠宰场的布局应本着既符合科学管理，又方便生产和清洁卫生的原则，可将屠宰场分为几个部分，见图6-1。

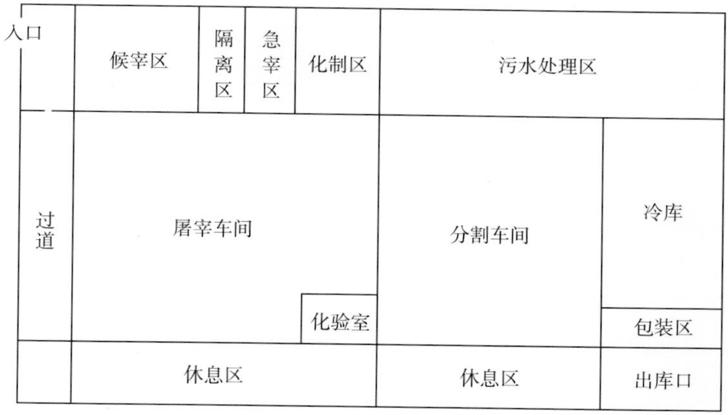

入口	候宰区	隔离区	急宰区	化制区	污水处理区		
过道	屠宰车间				分割车间	冷库	
			化验室			包装区	
	休息区				休息区	出库口	

图6-1　场区布置示意图

1.待宰区

供鸽子宰前停留休息，其大小视每天屠宰量而定。

2.隔离区

供饲养宰前检疫中剔出的病鸽，面积不需太大。

3.急宰区

与隔离区相连，用于病鸽屠宰，防止污染扩散。

4.化制区

与病鸽屠宰区相连，将病鸽投入化制机进行无害化处理。

5.屠宰车间

屠宰加工鸽子的场地，也是卫生检疫人员工作的主要场所，其环境卫生要求必须严格。

6. 分割车间

供脱毛后的鸽子进一步净毛、修整、净膛和分割的场所。

7. 化验室

检疫人员化验工作及休息的场所。

8. 休息区

供工作人员更衣及休息的场所。

9. 污水处理区

处理宰杀鸽子及冲洗的污水需经卫生学处理后方可排放，必须设置与建场规模相匹配的污水处理设施，达到国家环保要求。

10. 冷库

处理完毕的鸽子胴体进行冷藏存放的场所。

二、屠宰场主要车间建设

（一）屠宰与分割车间建设

应参照《禽类屠宰与分割车间设计规范》GB 51219—2017 国家标准执行。

1. 一般设施要求

（1）地面　车间地面应采用不渗水、防滑、易清洗、耐腐蚀的材料，其表面应平整无裂缝、无局部积水，屠宰车间排水坡度不小于2%，分割车间不小于1%，便于排出污水。

（2）墙面与顶棚　墙面需涂铺磨光的水泥或瓷砖，以便洗刷消毒；屠宰车间墙裙高度不低于2.7米，分割车间不低于2米；屠宰车间净高不宜低于4.3米，分割车间不低于3米；顶棚应采用光滑、无毒、耐冲洗、不易脱落的材料，表面平整。

（3）门窗与采光　门窗应采用密闭性能好，不变形、不渗水、防锈蚀的材料制作，窗户与地面面积比在1∶4.5左右，保证车间内采光充足；成品或半成品通过的门，应有足够宽度，避免与产品接触，通行吊轨的门洞，宽度不应小于0.6米；通行手推车的双扇门应采用双向自由门，门扇上部安装不易碎的通视窗。

2. 屠宰车间建设

屠宰车间内挂禽、致昏、放血、烫毛、脱毛、去头爪及内脏粗加工工序属于非清洁区，脱毛后摘小毛、掏膛、内脏精加工到同步检疫工序属于半清洁区，布置器械时应划分区域，不得交叉。

（1）挂禽设施　车间内宜安装悬挂运输机，保证各加工工位按一定顺序进行鸽子的屠宰加工，包括变速电机、T形导轨、链条、角轮、轴承及吊钩等。挂禽处的挂钩下端距地面安装高度宜为1.4米，挂禽工位之间保持1米以上距离。

（2）致昏放血设施　电晕器有一个水槽，水槽内浸有一个电极，另一电极与悬挂运输机上吊钩相接。使用集血槽收集血液，集血槽长度一般以满足1.5~2.5分钟的放血时间为宜，放血线距墙壁不少于0.8米，周边设置洗手池，地面排水坡度不小于2%。

（3）浸烫与脱毛设施　浸烫机内可使用鼓风搅拌或水泵搅拌，宜联合使用水泵和鼓风机，烫池部位宜设天窗。脱毛机出口处安装高压喷头用以冲洗残毛。可使用全自动鸽烫脱一体机，根据鸽种设置相应的烫毛温度、时间及脱毛机的脱毛间距，时产效率较高。

3. 化验室

车间内设置用于胴体和内脏检疫的化验室，运送胴体使用不渗水的密封专用车，化验室内设置理化、细菌、病理等常规检验的工作间，并配备相应的清洗、消毒、高压蒸汽消毒设备及检验仪器设备，同时要设有更衣柜和专用消毒药品柜。

4. 分割车间建设

分割车间包括胴体冷却间、分割间、包装间、包装材料、清洗间及空调设备间等。

（1）胴体冷却间　胴体冷却间室内墙面与地面应易于清洗，平面尺寸根据所用冷却装置的尺寸与制冰设备的需要确定，净高不宜小于3.6米，房间温度控制在15℃以下。胴体冷却设备可采用螺旋机（或冷却水池等），其冷却设备的能力应与生产能力相适应。螺旋机应分多段，最前段水温不高于8℃，最后一段水温不高于0.5℃。

（2）分割间　胴体冷却后进入分割间，室温宜为 10~15℃之间，室内净高不低于 3 米，净宽宜为 4.5~6.0 米，墙面设置防撞设施。

（3）包装间　包装间室温不应高于 10℃，室内净高不低于 3 米。

（二）冷库建设

冷库包括预冷库（0~4℃）、冻结库（-30℃）和冷藏库（-18℃），与分割车间和发货间紧邻布置。

1. 保温隔热材料

冷库的墙壁、地板及平顶均需铺设一定厚度的隔热材料。冷库隔热材料分几种，一种是加工成固定形状及规格的板块，预冷库使用 10 厘米厚的库板，速冻冷库和冷藏库使用 12~15 厘米的库板；另一种可使用聚氨酯或聚苯酯喷涂发泡。在隔热板外层做防潮层，防潮层一般使用沥青、油毡、塑料涂层、塑料薄膜等做成。库体需具有刚性好、强度高、隔热性能好、阻燃等特点。

2. 制冷系统

冷库冷却系统主要包括冷库压缩机与蒸发器。小型冷库选用全封闭压缩机，中、大型冷库选用半封闭压缩机。预冷库选用冷风机为蒸发器，速冻库和冷藏库选用无缝钢管制作的蒸发排管为蒸发器。制冷系统管道严禁穿过有人员办公及休息的房间。

（三）屠宰废水处理设施建设

1. 机械格栅

机械格栅的功能是自动拦截并打捞较大体积的固体废渣。格栅井尺寸不做严格要求，需方便安置格栅和便于清淤。

2. 隔油沉淀池

钢混结构，主要功能是去除废水中的浮油，沉淀废水中的悬浮杂物，避免这些固体沉淀物影响后续设备处理。

3. 调节池

钢混结构，在调节池内设置空气搅拌。

4. 气浮池

池内安装气浮机，采用加药迷宫网格方式。

5．水解酸化池

池内布置生化填料，设置生物床，水解酸化菌以生物床生长。

6．厌氧池

为缺氧环境，其中布置反硝化菌。

7．好氧池

池中布置生物填料，并于好氧池末端接有管道，将处理液回流至厌氧池。该池分为两级，池中布置微孔曝气器，接触氧化池部分为钢砼结构。

8．二沉池

为保证出水水质，将前段工序处理过的水进行再次沉淀。

9．消毒池

投入二氧化氯进行消毒。

第二节 屠宰加工工艺与质量控制

一、屠宰加工工艺

（一）屠宰前准备

1．乳鸽屠宰最佳年龄

乳鸽最佳屠宰年龄为 22~28 日龄，也可根据个体生长情况，提前或推迟几天。屠宰时间的确定除了根据日龄外，还要参照乳鸽生长情况。

2．宰前禁食

宰前禁食可减少饲料浪费，减少消化道内容物，降低粪便或食糜污染，鸽子推荐禁食时间为 4 小时。

3．宰前静养

鸽子运至屠宰点后宜静养 1 小时，以缓解运输应激，此时鸽子的屠宰应激最小，鸽肉品质较优。

4．环境控制

待宰室应减少灰尘、使用低噪声的通风系统，高温季节应配备通风和淋水装置降温，低温季节应做好保温措施。

5.剔除病禽

观察鸽群中有无精神不振的、有无羽毛松乱无光泽的、有无排异样粪便的、有无不正常呼吸音等的鸽子，一旦发现应立即剔除。发现有可疑传染病时应进一步采样化验，送急宰室屠宰后进行化制处理。

（二）屠宰加工流程

1.电晕宰杀

使用推车将装满待宰鸽子的鸽笼运至屠宰车间，人工将鸽子挂上悬挂式运输线的挂钩上（图6-2），经电晕器电晕后宰杀，经集血槽收集血液。

（1）口腔放血法　左手拉下鸽头，使鸽嘴张开，右手用刀经上腭直刺脑部，后将刀尖稍微扭转后立即抽出，大量放血后鸽很快死亡。

（2）颈动脉放血法　在鸽头部左侧颈部切一小口，切断颈动脉的颅面分支即可放血，此方法较口腔放血简便，但不易掌握，常因放血不完全而影响光鸽的美观，降低商品价值。

2.浸烫脱毛

鸽血放净后进入热烫槽，60℃左右水温浸烫约30秒后，经脱毛机将鸽毛打下，在脱毛机出口处经由高压喷淋清洗（图6-3）。

图6-2　挂禽屠宰

（朱立民　摄）

图6-3　浸烫脱毛

（朱立民　摄）

3. 净膛

用剪刀剪断肛门与四周组织间的联系，拉出肠子，右手食指伸入腹腔，掏出全部内脏，冲洗光鸽，去掉肌胃内容物，冲洗鸽胗、心、肝，放入鸽腹腔中。对胴体和内脏进行同步检验。可根据后续加工要求去头和爪（图6-4）。

图6-4 净膛

（朱立民 摄）

4. 羽毛及内脏处理

经脱毛机打下的鸽毛及经内脏处理槽处理过的鸽肠、杂碎等均通过车间水沟排入废弃物池。

5. 冷却

处理过的鸽胴体经悬挂运输机进入冷却间内的螺旋预冷机，在冷水中预冷，冷却后胴体中心温度不高于4℃，随后将胴体沥干，进行人工称重分级后送入分割车间。或可根据后续售卖需求，直接整鸽包装，将半净膛或全净膛鸽的双爪装入腹部，头颈拉至背侧即可。

6. 分割

（1）分离鸽腿 将腹股沟处的鸽皮完全划开，用力将两腿向后方掰开，于髋关节处脱开，沿腿的眼肉处向下于髋关节处划开，割断关节的四周肌肉和筋腱，紧贴盆骨将肉与骨划开，将眼肉完全抠出，用力将鸽腿撕下，保持腿型完整，边缘整齐，腿皮覆盖良好，皮肉无脱离。

（2）分离胸肌 贴胸骨的两侧划两条弧线，使弧线的两头连接起来，将两侧的大胸肉分开，沿锁骨和鸟喙骨两侧用刀轻划，撕下小胸肉，保持胸肉的条形完整无破损。

（3）分离鸽翅 从臂骨和鸟喙骨吻合处紧靠肩胛骨下刀，割断肩关节，注意不要损伤胸肌，紧握翅根用力将鸽翅向尾部方向撕下。

7. 加工修整

（1）鸽副产品的修整 切割下来的鸽爪清洗去黄皮，进行人工称重分级；分离出的鸽胗去除表面脂肪，去掉黏附的小肠，正面剪切，外翻去除内容物并撕掉黄皮，经清洗后检验，称重并分级；分离出的鸽心、肝等经多次清洗后检疫，称重并分级。

（2）分割产品的修整　分割出的鸽胸肉需修净多余的脂肪和肌膜，使胸皮肉相称，无浴血、无熟烫；去骨腿肉可从胫骨到股骨内侧用刀划开，切断膝关节，剔除股骨、胫骨、腓骨，修掉多余的皮、软骨、刀伤，皮肉大小相称，腿型完整。

8. 包装

（1）冷鲜肉的包装　将中心温度 0~4℃的冷鲜肉，放入高阻隔性的包装容器中抽真空，然后充入按一定比例混合后的气体（40% O_2、30% CO_2、30% N_2），密封包装，可保持肉色鲜红，抑制微生物生长，延长货架期，缓解和控制水分蒸发。其包装材料要求能保护冷鲜肉不受外界微生物等污染，防止水分蒸发，保持内部环境较高的相对湿度，有适当的气体透过率，能隔绝外界异味的侵入。

（2）冷冻肉的包装　冷冻肉主要指冻结肉，肉呈冻结状态，深层温度达到 −15℃左右，可长期保藏。冷冻肉常用的包装方式包括收缩包装、充气包装和真空包装。其包装材料要求有较强的耐低温性、较低的透气性和较低的水蒸气透过率，以减少冷冻的干耗（图 6-5、图 6-6）。

图 6-5　包装现场

（朱立民　摄）

图 6-6　成品包装

（朱立民　摄）

9. 冷藏

从宰杀到成品入库的时间不应过长，采用先加工先包装先入库的原则。包装好的鸽产品须立即送入冻结库，冻结库温度要求在 −30℃左右，肌肉中心温度 8 小时后降到 −15℃以下；冷藏库要求在 −18℃以下，用于鸽产品的长期储存。产品进入冷藏库应分品种、规格、生产日期、批号，分批堆放。冷藏库的产品须经质检部门检验合格后方可出库。

（三）屠宰废水处理流程

1. 废水排放指标

屠宰加工过程中生成的污水，应达到《肉类加工工业水污染物排放标准》GB 13457—92 中的一级排放标准。排水量和水污染物最高允许排放浓度等指标见表 6-2。

表 6-2　排水量和水污染物最高允许排放浓度指标								
项目	悬浮物	生化需氧量（BOD_5）	化学需氧量（COD_{Cr}）	动植物油	氨氮	pH 值	大肠菌群数/（个/升）	排水量立方米/吨
排放浓度/（毫克/升）	60	25	70	15	15	6.0~8.5	5000	18.0
排放总量（活屠重）/（千克/吨）	1.1	0.45	1.20	0.27	0.27			

2. 废水处理流程（图 6-7）

（1）物化处理阶段

① 废渣拦截。使用机械格栅自动拦截、打捞较大体积的固体废渣。

② 隔油沉淀。污水经由隔油沉淀池沉淀污泥，并定期清捞浮油，沉淀下来的污泥由污泥泵泵至污泥浓缩池中，废水停留时间约 3.5 小时。

③ 调节曝气。由于污水来水不均匀，且水质、水量在一定时间内存在差异，设置的调节曝气池使进入后续处理工艺的水质、水量稳定，

污水停留时间约 8 小时。

④ 气浮净水。使用气浮净水机去除部分有机物的同时去除大部分色度，该设备在污水进行气浮处理前先将污水和反应药剂充分混合（加药量为：混凝剂 80 毫克 / 升，助凝剂 20~80 毫克 / 升），发生絮凝作用后，混合液在接触区与溶气释放器产生的微小气泡发生吸附作用，通过气泡的上升及聚合达到相互凝聚的效果，最终实现泥水分离。

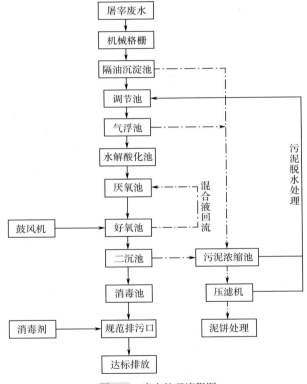

图 6-7　废水处理流程图

（2）生化处理阶段

① 水解酸化。污水穿过在水解酸化池内布置的生物床时，水中悬浮物被网捕获截留，同时生物床上的水解细菌和酸化细菌对污水中大

分子有机物进行分解和断链，并且使回流污水中的溶解性难处理物质得到分解或改性，从而形成易被细菌分解的小分子有机物，污水停留时间为 4 小时。

② 脱氮。水解酸化池中水、回流污泥和回流硝化液均混入厌氧池，池内含反硝化菌，进行反硝化反应以达到脱氧目的，污水停留时间为 2 小时。

③ 氧化。废水进入好氧接触氧化池，好氧微生物摄取废水中的有机营养成分，使有机污染物进一步降解，同时使废水中的氨氮转化为硝态氮，并于好氧池末端将硝化液回流至厌氧池中。

（3）二次沉淀　为保证出水水质，将前段工序处理过的水进行再次沉淀，上清液溢流，污泥被沉降，废水停留时间约为 2.5 小时。

（4）消毒　采用二氧化氯进行消毒，去除废水中各种病毒、病菌、寄生虫卵和一些有毒、有害物质，消毒时间 1 小时。

（四）固体废弃物处理

1. 病害肉的处理

屠宰场在生产的过程中，在宰前检疫和同步检疫中剔出的病死鸽及其产品，须投入化制机进行化制处理，可用于提炼工业油，成为工业原料。

2. 边角料的处理

屠宰过程中产生的碎肉、碎骨及肠道内容物等边角料，可经过化制后分别制成工业油、蛋白饲料、肉骨粉等产品。

3. 有机污泥的处理

屠宰废水处理过程中会产生大量经微生物处理过的有机污泥，经过浓缩处理后可作为有机肥进行利用。

二、质量控制

（一）环境质量控制

1. 室内装修

车间地面应采用无毒、不渗水、防滑、易清洗、耐腐蚀的材料，车间内墙面和顶棚应采用光滑、无毒、耐冲洗、不易脱落的材料，表面平整，无卫生死角；门窗应采用密闭性能好、不变形、不渗水、不易腐蚀的材料；各加工及包装间内的台、池均应采用不渗水、无毒、易清洗的材料。

2. 环境卫生

生产区应明确区分非清洁区和清洁区，非清洁区不应布置在场区主导风的上风侧，清洁区不应布置在下风侧；生产区、活禽入口、废弃物出口与产品出口应分开设置，活禽、废弃物与产品不可共用运送通道；活禽进场的入口处应设置底部长 4.0 米、深 0.3 米与门同宽且能排放消毒液的车轮消毒池。

3. 人员卫生

屠宰车间非清洁区、半清洁区应各自独立设置换靴间、一次更衣室、淋浴室、厕所和手靴消毒间；分割车间应设换靴间、一次更衣室、淋浴室、厕所、二次更衣室和靴消毒间；清洁区与非清洁区工作服应分开洗涤与存放。

4. 消毒处理

运输车辆出入场通道、查验区、入鸽口、待宰区、屠宰用具以及屠宰车间地面、挂钩等设备，均应彻底消毒。

5. 预冷环节的抑菌处理

在预冷环节采取适当措施能够进一步减轻微生物污染，通过对预冷阶段的胴体减菌能够使初始菌数大量减少。目前公认比较有效的减菌技术为添加化学减菌剂对胴体进行喷淋处理，如乳酸、乙酸、柠檬酸、混合有机酸以及有机酸盐类等。

（二）屠宰前后检疫质量控制

1. 宰前检疫

在屠宰前应先申请检疫，填写检疫申报的相关材料。宰前 14 天停止使用药物，饲养期间禁止使用违禁药物。执检人员要检查鸽群的健康情况，观察鸽群的精神状况，如发现问题，须对其深入检查，发现有可疑传染病时，应先隔离处理，再进一步采样化验。对于发现的病禽应参照国标《畜禽病害肉尸及其产品无害化处理规程》GB 16548—1996，进行急宰后化制处理，同时做好消毒工作。

2. 宰后检疫

鸽子屠宰后应立即进行宰后卫生检疫，同时对生产线上的鸽子进行逐只同步检疫。

（1）内脏检查　观察内脏器官色泽是否正常，有无肿胀、出血、坏死等病理变化，发现异常症状的内脏后，胴体和内脏同时投入废弃桶内并作好记录，废弃桶内脏器及时做无害化处理。

（2）腹腔检查　检查腹腔内有无残留内脏、肿瘤及病变，发现体腔内有严重淤血、溃烂、肿瘤及体腔受到大面积污染的胴体，应投入废弃桶内并作好记录，废弃桶内脏器及时做无害化处理。

（3）体表检验　观察肌肉有无弹性，体表色泽是否正常，有无淤血、出血点、损伤、粪便、放血不良、溃疡、寄生虫、胸囊肿及其他病变。发现有体表局部污染或轻微损伤、淤血、出血点、溃疡、寄生虫、胸囊肿等的可疑胴体则下线，由整理人员左手持镊子右手用刀将局部污染修整掉并冲洗后返回生产线，经检验人员再次检验合格后方可进入下道工序，修弃物投入废弃桶。发现放血不良及其他病变则投入废弃桶，并作好记录，做无害化处理。

第三节　创新营销

一、建立安全追溯管理系统

物联网是指通过射频技术（RFID）、全球定位系统、红外感应器、激光扫描器等传感设备，按照约定的协议，把物体与互联网相连接，进行信息交换和通信，以实现对物体的智能化识别、定位、跟踪、监控和管理的一种网络。为了满足消费者对食品信息全程追踪掌握的需求，同时提高相关监管部门的监管力度和效率，将"物联网"应用到食品溯源领域势在必行。

（一）安全追溯系统溯源信息产生及传递的过程

使用成熟实用的射频技术（RFID）和条码技术，从鸽子养殖环节开始监控，跟踪出入场、屠宰加工、批发零售等全过程，使鸽肉信息电子化，提供安全可信的可溯信息。

1. 养殖环节

在鸽养殖环节，每只鸽子均带有一个二维码脚环，记录唯一的身份 ID 信息，建立检疫、体重等相关信息形成档案，检疫信息是由可靠的第三方监督机构或者政府部门出具的有法律效力的检疫合格证。

2. 屠宰环节

从养殖场进入屠宰场的鸽子，会读取脚环上的唯一识别码信息，生成进场记录。在屠宰场屠宰加工时，将唯一识别码写入超高频无线射频识别（RFID）标签，该标签与鸽产品一起进入流通环节，交易时读取信息，生成追溯码，同时，追溯码信息通过无线或有线通信网络，传入后台支撑系统。

3. 交易环节

批发和零售环节都包括进场、检疫和交易，上一个环节交易时会在下一个环节生产一个批次码作为进场信息，检疫检验则是检疫合格证号关联到相关批次码，最后每一次的交易都会产生并且只产生一个追溯码（图 6-8）。消费者或经营者都可以在任意环节通过交易小票上的追溯码，通过查询设备查询鸽肉从鸽养殖到任意环节的相关信息，还有其他网站和 APP 等渠道也可供顾客查询。

图 6-8　二维码脚环

（二）系统功能模块设计

溯源系统的主要目的是实现各个环节信息的可追溯功能，按照各环节需求设计满足要求的业务功能模块。

1. 养殖模块

主要针对鸽子养殖过程中产生的信息，包含信息录入和查询功能，具体录入信息包括鸽脚环码对应的养殖场信息、卫生状况、鸽子种类和性别、饲料和疫苗接种情况、出栏时间等。

2. 屠宰加工模块

主要针对鸽子的宰前检疫信息和宰后加工信息，包含信息录入和查询功能，具体录入信息包括鸽子编号、健康状况、检疫情况、批次、屠宰日期、包装编号、包装材料、包装时间、分割肉的部件、操作员编号等。

3. 物流运输模块

主要针对鸽肉在运输过程中产生的信息，包含信息录入和查询功能，具体录入信息包括物流订单号、企业名称、企业地址、企业负责人、运输车辆信息、运输时间、运输起止点、车型、温湿度、司机信息、操作员编号等。

4. 销售模块

主要对鸽肉的存储和销售信息进行管理，包含信息录入和查询功能，具体录入信息包括销售信息编号、企业名称、企业地址、入库时间、库内温湿度、销售地点、上架时间、操作员编号等。

5. 监管部门模块

主要对基础信息进行登记、查询和验证，管理变更信息，对不符合国家规定的产品拥有召回功能。

6. 消费者模块

主要是拥有鸽肉信息全流程溯源查询及验证功能，购买产品时，消费者可通过产品上的溯源码，在溯源系统上查询相关信息，若发现所购鸽肉产品存在质量问题，可通过溯源系统进行投诉，监管部门应及时处理投诉信息，并对相关责任人按流程进行追责。

二、创建电商销售渠道

（一）电子商务销售

在电子平台上建设有效的销售功能是建立在平台具有质量监控的功能的基础上，即电子平台应同时具备禽肉质量监控检测以及销售的功能，需要生产销售方、第三方检测机构和大型卖场等多方联合。

1. 电子商务平台的设计与建立

（1）平台功能模块的设计　依据市场调研情况来确定平台的功能模块，主要调查经营主体、养殖场、加工企业、电商平台、互联网＋经营者、本地区主要卖场及消费者的情况。

（2）电子销售平台的模块设计

① 质量监控环节的设计。对于养殖和用药环节的监管就是要让大众可以通过登录电子平台，查询平台联盟企业的鸽子养殖及用药的情况。

② 销售功能的设计。电子平台的目的是让消费者能够通过查询鸽子养殖参数及产品的药残指标，可以安心购买，同时，平台联合大型卖场，让消费者足不出户就可以进行线上下单，与平台合作的物流公司送货到家，方便快捷。

2. 电子商务平台的运营维护

（1）企业合作管理　平台内合作的企业要建立统一的监控标准和检测标准。

（2）电子商务物流管理　对平台上所流通肉品的分类、包装、运输等环节进行协调，监控和发布相关肉品的物流信息，构成完整的流通链。

（3）交易信用管理　用于电子平台上的用户管理，记录好用户的购物记录并进行有效分析，保护消费者交易信息，确保在线交易的安全进行。

（二）冷链物流管理

冷链物流是指将具有低温保存要求的商品保持在低温的环境下，

从供应商运往需求商并提供相关服务的一种特殊的供应链系统。由于其运输的商品大多是生鲜食品,容易腐败变异,因此要求商品在加工运输的各个环节一直置于低温的环境之下,以达到保证商品品质、降低物流损耗的目的。

1.冷链运输设备

冷链物流的运输车辆为低温冷藏车,造价相对普通运输车辆较高,但可以在运输途中对温度和湿度进行严格控制。冷链物流要求的贮藏仓库是冷库,需要配备制冷和保温装置。

2.冷链运输的质量控制

(1)包装环节 屠宰加工后的肉品,在出品包装后应立即放入物流保鲜箱中,物流保鲜箱规格可根据需求数量确定,为了便于流通和管理,规格不宜太多。

(2)运输前环节 在鸽子屠宰到鸽肉品进入运输冷藏车辆后,要确保全流程在温度、湿度、光照、清洁卫生等各个方面都满足肉品持续保鲜的要求,确保肉品在装车或入库之前的有效衔接,实现持续保鲜。

(3)运输环节 执行肉品物流器具、包装的标准化,在涉及肉品物流中转的任何环节均要打造适宜禽肉品作业的环境,保障场地规划、作业流程、作业标准化、设备设施、资金等,确保肉品在运输、仓储、配送中转时的持续保鲜。

3.冷链物流公共信息服务平台

平台以服务用户为宗旨,以硬件服务器及网络安全设备等基础设施为支撑,对整个系统进行统筹规划,建立以全程监管为基础、资源整合为支撑、信息化平台为保障的体系框架,进一步加强部门监管信息互联共享,以集约化方式搭建集冷链物流信息查询、协同监管、社会监督、决策分析等功能于一体的公共信息服务平台。

(1)政府监管系统 包括政府的实时监控、监控预警、统计查询、备案管理和指标管理。

(2)冷链仓储管理系统 主要建设内容包括出入库管理、移库管理、实时监控、制冷运行监控、监控预警和查询功能。

(3)冷链运输管理系统 包括车辆管理、车辆调度、实时监控、监控预警和驾驶员管理。

（4）冷链冷柜管理系统　包括入库管理、实时监控和监控预警。

（5）冷链资源撮合交易系统　包括货源管理、库源管理、车源管理、订单查看和响应查看。

（6）冷链追溯系统　包括追溯信息综合管理、应急处理管理、统计查询和剔除信息管理。

第四节　鸽的营养与鸽产品加工

鸽肉、鸽蛋自古以来备受人们追捧，甚至有"一鸽胜九鸡"的美誉，营养及功效各说不一。近年来，中国农业科学院家禽研究所研究人员对其营养价值开展了探索研究，取得如下进展。

一、鸽的营养

1. 鸽肉

鸽肉营养十分丰富，富含优质的蛋白质和人体必需的各种氨基酸，其中较高的鲜味氨基酸和肌苷酸更是鸽肉营养和美味所在。同时，鸽肉脂肪含量较低，还含有丰富的铁、锌等微量元素和维生素 A、维生素 D 等，是人们追求的既营养又健康的进补佳品（表6-3）。

表6-3　鸽肉部分营养成分表（每100克鸽肉中营养物质含量）

营养成分	含量	营养成分	含量
水分	73.23 克	维生素 A	6.20 毫克
蛋白质	20.50 克	维生素 D	264.00 毫克
脂肪	2.69 克	铁	3.01 毫克
总氨基酸	17.29 克	铜	0.25 毫克
鲜味氨基酸	6.75 克	锰	0.09 毫克
肌苷酸	0.12 克	锌	1.18 毫克

2. 鸽蛋

鸽蛋被誉为“动物人参”，富含优质的蛋白质、卵磷脂、矿物质、维生素等营养素，可促进幼儿的大脑发育、骨骼生长，对预防儿童过敏和老年血栓有良好的功效（表 6–4）。

表 6–4 鸽蛋部分营养成分表（每 100 克鸽蛋中营养物质含量）

营养成分	含量	营养成分	含量
热量	0.75 兆焦	钾	120 毫克
蛋白质	10.8g	钙	100 毫克
卵磷脂	4.68g	硒	11 毫克
总氨基酸	9.98g	铁	3 毫克
必需氨基酸	5.51g	锌	1.18 毫克

3. 食鸽文化

近年来，随着人们生活水平的提高，鸽肉、鸽蛋因其绿色、营养、健康，越来越受到人们的重视。有资料可查的有关鸽子、鸽蛋的食谱有二百多种，如：①东北的“伊通烧鸽子”；②新疆的“冷水凉罐‘炖’鸽子”，鲜嫩无比，奇香四溢；③江苏的“脆皮乳鸽”，更是皮脆肉酥，口感鲜嫩多汁；④宁夏的“香辣红子鸽”和“智慧鸽”；⑤广东的“红烧乳鸽”，在全国、在珠三角，尤其在深港两地家喻户晓。

另外民间广为流传的经典食谱还有盐水鸽、酱鸽、清蒸鸽子、姜爆鸽、烤鸽、韭香乳鸽、串串鸽胗、荷叶鸽、鸽肉酱、老鸽煲、虫草花鸽子汤、乳鸽饭等（图 6–9）。

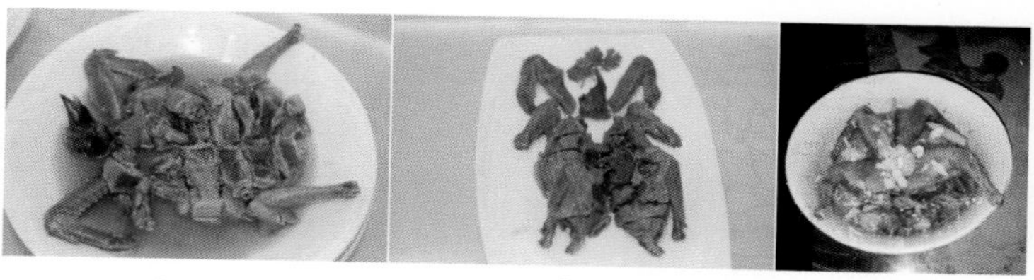

a b c

图 6–9

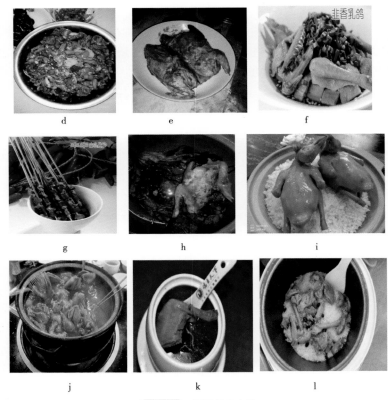

图 6-9 民间经典食谱

a—盐水鸽（朱立民 摄）；b—酱鸽（朱立民 摄）；c—清蒸鸽子（朱立民 摄）；
d—姜爆鸽（秦永康 摄）；e—烤鸽（秦永康 摄）；f—韭香乳鸽（孙鸿 摄）；
g—串串鸽胗（孙鸿 摄）；h—荷叶鸽（孙鸿 摄）；i—盐焗乳鸽（秦永康 摄）；
j—老鸽煲（秦永康 摄）；k—虫草花鸽子汤（朱立民 摄）；
l—乳鸽饭（秦永康 摄）

二、鸽产品加工

相比于其他禽类制品加工而言，鸽产品加工方法较为单一，但随着人们对肉鸽美食的关注增多，肉鸽食谱的新型加工工艺逐渐趋于完善。下面简要介绍几种常见食品的加工方法，仅供参考。

（一）鸽肉加工

1. 油炸乳鸽

（1）腌制　分别将食盐5%、料酒3%、五香粉4%加水混匀溶解，大火煮沸后小火熬煮5分钟，待腌制液冷却至室温后放入鸽肉，腌制液与鸽体重量比为1.5：1，在4℃下腌制6小时，洗净后沥干。

（2）油炸　油炸时间为29秒，油炸温度为154℃，对肉鸽进行炸制，油量以完全浸没鸽体为准。

（3）油焖　减小电炸锅火力，油温下降至85℃左右，盖上锅盖，将鸽肉焖制成熟，油焖时间为35分钟。

2. 脆皮乳鸽

（1）卤制　卤水配制方法为，15千克高汤中依次加香料包（砂仁20克，桂皮35克，八角、良姜各50克，陈皮30克，甘草40克，白蔻5克，香叶、党参各15克，当归、小茴香、山奈各25克，草果30克，罗汉果2个，白芷10克，干红枣6颗，丁香8粒）、调味料（老抽120克，生抽950克，白酱油450克，蚝油、鱼露各200克，花雕酒300克，广东米酒100克，精盐160克，玫瑰露酒、鸡汁各150克，味精80克），放大葱、姜各30克烧开。将洗净的乳鸽用沸水烫一下后迅速投入冷水，然后放入烧开的卤水中，大火烧开后，离火浸泡15分钟。

（2）油炸　捞出乳鸽后擦干水，挂刷脆皮水（白醋1.5千克、大红浙醋210克、麦芽糖80克、白酒15克、食粉5克混合，置小火熬至麦芽糖融化后搅匀），挂阴凉通风处风干，风干后入六成热油淋炸上色。

3. 盐焗乳鸽

（1）腌制　沙姜20克、鸡精适量，混匀后涂抹于乳鸽内外，腌制20分钟，挂起风干2小时。

（2）盐焗　取烤肉纸1张，抹上麻油，放入鸽子后包裹好，电饭煲放粗盐热5分钟后，放入包好的乳鸽，再倒入适量的粗盐覆盖住，使用煲仔饭功能，煮好后打开纸，去掉多余的水分，再保温15分钟，取出撒上白芝麻即可。

4. 清蒸乳鸽

（1）材料　乳鸽1只、草菇15克（去蒂）、姜2克（切片）、葱15

克（切段）、盐3克、味精2克、豌豆淀粉25克、猪油15克。

（2）清蒸 鸽子切开头、翼尖和脚，摆于碟上，放入盐、味精、淀粉拌匀，加入草菇、姜片、葱段各5克、猪油再拌匀，摆盘，放入蒸笼内蒸熟即可。

5. 当归党参老鸽汤

鸽汤的热性较高，易上火或喜冷怕热者少食，且不宜与牛羊肉同食，宜用于秋冬季滋补。

（1）材料 老鸽1只、党参10克、当归3片、红枣（去核）5颗、枸杞20粒、瘦肉250克、姜片3片。

（2）焯水 鸽子切块后入锅，加入冷水烧开，关火后焖2分钟，取出鸽子用冷水冲洗。瘦肉洗净沥干。

（3）炖汤 所有食材倒入砂锅中，加入开水，炖至2小时即可。

（二）鸽副产品加工

1. 鸽胗加工

（1）腌制 将修整过的鸽胗用盐水浸泡15分钟左右，二次清洗干净，按3%盐、5%盐焗粉、姜片和少许酱油混合制成腌制液，均匀涂抹在鸽胗表面，用保鲜膜封好，置于4℃的冰箱腌制过夜。

（2）清洗 将腌制后的鸽胗清洗干净，于沸水中焯沸3~5分钟，再次清洗，沥水。

（3）盐焗 将鸽胗置于55℃的烘干机内烘干30分钟，烘干后，用少许食用油均匀涂抹表面，用盐焗砂纸包裹好，埋置于粗盐中，再用盐焗砂纸包裹，放入上下火170℃预热好的烤箱内烘烤40分钟。

（4）烘干 将盐焗后的鸽胗放入60℃的烘干机内烘干40分钟，真空包装，灭菌。

2. 鸽心加工

（1）腌制 将鸽心放入清水中浸泡10分钟，放入3~4片新鲜柠檬，沥水，称重，将食用盐均匀涂抹鸽心表面，于0~4℃的冰箱中腌制12小时。

（2）焯沸和烘干 将腌制过的鸽心放入沸水中焯沸5~6分钟，沥水，置于 55℃烘干机烘 1 小时。

（3）卤制　按每 2 升水放入 10 克八角、8.5 克陈皮、10 克桂皮、2 克香叶、8 克小茴香、26 克生姜，冷水浸泡 30 分钟，淘洗除去灰尘杂质，再装入双层布袋，放入水中熬制，煮沸后小火煮 40 分钟，将鸽心放入卤水，加入 40 克食盐、40 克砂糖、100 克老抽、60 克辣椒酱和 50 克料酒，小火维持 90℃，卤制 40 分钟，浸泡 30 分钟，捞出沥干。

（4）烘干　将冷却后的鸽心放入烘干机中，于 70℃烘 5.5 小时，烘干后冷却至室温，真空包装，高压灭菌。

三、鸽产品品牌建设

"品牌"是一种无形资产，"品牌"就是知名度，有了知名度就具有凝聚力与扩散力，成为发展的动力。企业品牌的建设，首先要以诚信为先，没有诚信则"品牌"无从谈起，其次要以产品质量和产品特色为核心，才能培育消费者的信誉认知度，企业产品才有市场占有率和经济效益。

（一）产品形象设计

消费者在看到企业出售的鸽产品时，最先看到的是其形象包装，有没有一种让人想要尝的感觉非常重要，因此需要对鸽产品进行全方位的形象策划包装。鸽产品品牌形象包装首先要从自身的企业总部开始进行形象设计，对企业的标志形象、外包装袋和包装盒等进行全方位形象设计。在品牌图形、文字、色彩等的选择上要有辨识度，能够让消费者印象深刻。

（二）品牌营销推广

品牌建设的关键在于品牌的营销运营，提升鸽产品的品牌知名度，这就需要对该品牌进行全面的宣传。

1. 网络营销

要让更多消费者知道有这个优质的鸽产品，就需要对该产品品牌进行全面的宣传。在如今的互联网时代，鸽产品企业若要快速提升品牌知名度，必须借助互联网进行鸽产品品牌快速传播。比如，可以通过与知名的美食公众号、旅行公众号等进行合作，发布鸽产品以及品牌的相关信息，包括如何养殖、如何加工制作、与其他同类产品的差异性等，通过这种方式能够进一步提升鸽产品品牌的知名度。网络营销充分利用现代网络通信技术和信息交换技术，以近乎面对面交流的方式，更方便迅捷地在网络空间里完成市场交易的各项过程。

2. 品牌形象维护

在销售鸽产品的同时，给予消费者意料之外的贴心服务，也是很好的品牌宣传。比如设计产品生产相关的明信片、赠送一些新产品或者其他小赠品，耐心了解消费者的需求，适时安排一些产品的促销活动，提升消费者的满意度，加深消费者对品牌的了解和认可。坚决制定和执行肉品市场准入等规章制度，严防假冒伪劣产品在市场上流通和破坏市场运行秩序的行为等。

3. 品牌提升

现如今行业更新迭代的速度非常快，必须注重鸽产品品牌的提升，比如研发新型特色鸽产品、避免或减少鸽饲喂阶段的用药等。可以考虑与政府及科研院所积极合作，建立专项研究机构，打造健康优质鸽产品，同时要及时升级鸽产品生产和加工的技术手段，推行机械化生产，提升生产效率，结合信息技术和生物工程相关技术，提高鸽产品的质量等。

附

录

附录1 鸽常用饲料营养成分表

附表 1-1 鸽常用饲料营养成分表

饲料名称	代谢能/(兆焦/千克)	干物质/%	粗蛋白/%	粗脂肪/%	粗纤维/%	无氮浸出物/%	粗灰分/%	淀粉/%	钙/%	总磷/%	有效磷/%
玉米	13.31	86	9.4	3.1	1.2	71.1	1.2	60.9	0.09	0.22	0.09
高粱	12.3	86	9	3.4	1.4	70.4	1.8	68	0.13	0.36	0.12
大豆	13.56	87	35.5	17.3	4.3	25.7	4.2	2.6	0.27	0.48	0.14
小麦	12.72	88	13.4	1.7	1.9	69.1	1.9	54.6	0.17	0.41	0.13
大麦（裸）	11.21	87	13	2.1	2	67.7	2.2	50.2	0.04	0.39	0.13
大麦（皮）	11.3	87	11	1.7	4.8	67.1	2.4	52.2	0.09	0.33	0.12
黑麦	11.25	88	9.5	1.5	2.2	73	1.8	56.5	0.05	0.3	0.11
稻谷	11	86	7.8	1.6	8.2	63.8	4.6	–	0.03	0.36	0.15
糙米	14.06	87	8.8	2	0.7	74.2	1.3	47.8	0.03	0.35	0.13
碎米	14.23	88	10.4	2.2	1.1	72.7	1.6	51.6	0.06	0.35	0.12
粟（谷子）	11.88	86.5	9.7	2.3	6.8	65	2.7	63.2	0.12	0.3	0.09
大豆粕	10.58	89	44.2	1.9	5.9	28.3	6.1	3.5	0.33	0.62	0.21
小麦麸	5.69	87	15.7	3.9	6.5	56	4.9	22.6	0.11	0.92	0.28
玉米蛋白粉	16.23	90.1	63.5	5.4	1	19.2	1	17.2	0.07	0.44	0.16
鱼粉	11.8	90	60.2	4.9	0.5	11.6	12.8	–	4.04	2.9	2.9
肉骨粉	9.96	93	50	8.5	2.8	–	31.7	–	9.2	4.7	4.7

附表 1-2 鸽常用饲料氨基酸含量表

单位：%

饲料名称	赖氨酸	蛋氨酸	胱氨酸	色氨酸	苏氨酸	精氨酸	苯丙氨酸	酪氨酸	亮氨酸	异亮氨酸	缬氨酸	组氨酸
玉米	0.26	0.19	0.22	0.08	0.31	0.38	0.43	0.34	1.03	0.26	0.4	0.23
高粱	0.18	0.17	0.12	0.08	0.26	0.33	0.45	0.32	1.08	0.35	0.44	0.18

续表

饲料名称	赖氨酸	蛋氨酸	胱氨酸	色氨酸	苏氨酸	精氨酸	苯丙氨酸	酪氨酸	亮氨酸	异亮氨酸	缬氨酸	组氨酸
大豆	2.2	0.56	0.7	0.45	1.41	2.57	1.42	0.64	2.72	1.28	1.5	0.59
小麦	0.35	0.21	0.3	0.15	0.38	0.62	0.61	0.37	0.89	0.46	0.56	0.3
大麦（裸）	0.44	0.14	0.25	0.16	0.43	0.64	0.68	0.4	0.87	0.43	0.63	0.16
大麦（皮）	0.42	0.18	0.18	0.12	0.41	0.65	0.59	0.35	0.91	0.52	0.64	0.24
黑麦	0.35	0.15	0.21	0.1	0.31	0.48	0.42	0.26	0.58	0.3	0.43	0.22
稻谷	0.29	0.19	0.16	0.1	0.25	0.57	0.4	0.37	0.58	0.32	0.47	0.15
糙米	0.32	0.2	0.14	0.12	0.28	0.65	0.35	0.31	0.61	0.3	0.49	0.17
碎米	0.42	0.22	0.17	0.12	0.38	0.78	0.49	0.39	0.74	0.39	0.57	0.27
粟（谷子）	0.15	0.25	0.2	0.17	0.35	0.3	0.49	0.26	1.15	0.36	0.42	0.2
大豆粕	2.99	0.68	0.73	0.65	1.85	3.43	2.33	1.57	3.57	2.1	2.26	1.22
小麦麸	0.56	0.22	0.31	0.18	0.45	0.88	0.57	0.34	0.88	0.46	0.65	0.37
玉米蛋白粉	1.1	1.6	0.99	0.36	2.11	2.01	3.94	3.19	10.5	2.92	2.94	1.23
鱼粉	4.72	1.64	0.52	0.7	2.57	3.57	2.35	1.96	4.8	2.68	3.17	1.71
肉骨粉	2.6	0.67	0.33	0.26	1.63	3.35	1.7	1.26	3.2	1.7	2.25	0.96

附表 1-3　鸽常用饲料维生素含量表

单位：毫克/千克

饲料名称	胡萝卜素	生育酚	硫胺素	核黄素	泛酸	烟酸	生物素	叶酸	胆碱	吡哆素
玉米	2	22	3.5	1.1	5	24	0.06	0.15	620	10
高粱	–	7	3	1.3	12.4	41	0.26	0.2	668	5.2
大豆	–	40	12.3	2.9	17.4	24	0.42	2	3200	12
小麦	0.4	13	4.6	1.3	11.9	51	0.11	0.36	1040	3.7
大麦（裸）	–	48	4.1	1.4	–	87	–	–	–	19.3
大麦（皮）	4.1	20	4.5	1.8	8	55	0.15	0.07	990	4
黑麦	–	15	3.6	1.5	8	16	0.06	0.6	440	2.6
稻谷	–	16	3.1	1.2	3.7	34	0.08	0.45	900	28
糙米	–	13.5	2.8	1.1	11	30	0.08	0.4	1014	0.04
碎米	–	14	1.4	0.7	8	30	0.08	0.2	800	28

续表

饲料名称	胡萝卜素	生育酚	硫胺素	核黄素	泛酸	烟酸	生物素	叶酸	胆碱	吡哆素
粟（谷子）	1.2	36.3	6.6	1.6	7.4	53	–	15	790	–
大豆粕	0.2	3.1	4.6	3	16.4	30.7	0.33	0.81	2858	6.1
小麦麸	1	14	8	4.6	31	186	0.36	0.63	980	7
玉米蛋白粉	44	25.5	0.3	2.2	3	55	0.15	0.2	330	6.9
鱼粉	–	7	0.5	4.9	9	55	0.2	0.3	3056	4
肉骨粉	–	0.8	0.2	5.2	4.4	59.4	0.14	0.6	2000	4.6

附表 1-4 鸽常用饲料矿物元素含量表

饲料名称	钠/%	氯/%	镁/%	钾/%	铁/（毫克/千克）	铜/（毫克/千克）	锰/（毫克/千克）	锌/（毫克/千克）	硒/（毫克/千克）
玉米	0.01	0.04	0.11	0.29	36	3.4	5.8	21.1	0.04
高粱	0.03	0.09	0.15	0.34	87	7.6	17.1	20.1	0.05
大豆	0.02	0.03	0.28	1.7	111	18.1	21.5	40.7	0.06
小麦	0.06	0.07	0.11	0.5	88	7.9	45.9	29.7	0.05
大麦（裸）	0.04	–	0.11	0.6	100	7	18	30	0.16
大麦（皮）	0.02	0.15	0.14	0.56	87	5.6	17.5	23.6	0.06
黑麦	0.02	0.04	0.12	0.42	117	7	53	35	0.4
稻谷	0.04	0.07	0.07	0.34	40	3.5	20	8	0.04
糙米	0.04	0.06	0.14	0.34	78	3.3	21	10	0.07
碎米	0.07	0.08	0.11	0.13	62	8.8	47.5	36.4	0.06
粟（谷子）	0.04	0.14	0.16	0.43	270	24.5	22.5	15.9	0.08
大豆粕	0.03	0.05	0.28	2.05	185	24	38.2	46.4	0.1
小麦麸	0.07	0.07	0.47	1.19	157	16.5	80.6	104.7	0.05
玉米蛋白粉	0.01	0.05	0.08	0.3	230	1.9	5.9	19.2	0.02
鱼粉	0.97	0.61	0.16	1.1	80	8	10	80	1.5
肉骨粉	0.73	0.75	1.13	1.4	500	1.5	12.3	90	0.25

附录 2　禽肉及组织中规定最大残留限量的兽药

药物名称	动物种类	靶组织	GB31650—2019 残留限量 / (微克 / 千克)	农业部 235 公告残留限量 / (微克 / 千克)
抗线虫药				
阿苯达唑	所有食品动物	肌肉 / 脂肪	100	—
		肝 / 肾	5000	
越霉素 A	鸡	可食组织	2000	2000
非班太尔 / 芬苯达唑 / 奥芬达唑	家禽	肌肉 / 皮 + 脂 / 肾	50 (仅芬苯达唑)	—
		肝	500 (仅芬苯达唑)	
氟苯达唑	家禽	肌肉	200	200
		肝	500	500
左旋咪唑	家禽 (产蛋期禁用)	肌肉 / 脂肪 / 肾	10	10
		肝	100	100
抗球虫药				
氨丙啉	鸡 / 火鸡	肌肉	500	—
		肝 / 肾	1000	—
氯羟吡啶	鸡 / 火鸡	肌肉	5000	5000
		肝 / 肾	15000	15000
癸氧喹酯	鸡	肌肉	1000	皮 + 肉: 1000
		可食组织	2000	2000

续表

药物名称	动物种类	靶组织	GB31650—2019 残留限量 /（微克/千克）	农业部 235 公告 残留限量 /（微克/千克）
地克珠利	家禽（产蛋期禁用）	肌肉	500	500
		皮+脂	1000	脂：1000
		肝	3000	3000
		肾	2000	2000
二硝托胺	鸡	肌肉	3000	3000
		脂肪	2000	2000
		肝/肾	6000	6000
	火鸡	肌肉/肝	3000	3000
乙氧酰胺苯甲酯	鸡	肌肉	500	家禽：500
		肝/肾	1500	家禽：1500
常山酮	鸡/火鸡	肌肉	100	100
		皮+脂	200	200
		肝	130	130
拉沙洛西	鸡	皮+脂	1200	1200
		肝	400	400
	火鸡	皮+脂/肝	400	400
马度米星铵	鸡	肌肉	240	240
		脂肪/皮	480	480
		肝	720	720
莫能菌素	鸡/火鸡/鹌鹑	肌肉/肝/肾	10	鸡/火鸡：肌肉 1500、皮+脂 3000、肝 4500
		脂肪	100	
甲基盐霉素	鸡	肌肉/肾	15	600
		皮+脂/肝	50	1200/1800
尼卡巴嗪	鸡	肌肉/肝/肾/皮+脂	200	200/200/200/皮/脂：200

续表

药物名称	动物种类	靶组织	GB31650—2019 残留限量 /（微克/千克）	农业部235公告 残留限量 /（微克/千克）
氯苯胍	鸡	皮+脂	200	皮/脂：200
		其他可食组织	100	100
盐霉素	鸡	肌肉	600	600
		皮+脂	1200	皮/脂：1200
		肝	1800	1800
赛杜霉素	鸡	肌肉	130	130
		肝	400	400
托曲珠利	家禽（产蛋期禁用）	肌肉	100	鸡/火鸡：100
		皮+脂	200	鸡/火鸡：200
		肝	600	鸡/火鸡：600
		肾	400	鸡/火鸡：400
β-内酰胺类抗生素				
阿莫西林	所有食品动物（产蛋期禁用）	肌肉/脂肪/肝/肾	50	50
氨苄西林	所有食品动物（产蛋期禁用）	肌肉/脂肪/肝/肾	50	50
青霉素/普鲁卡因青霉素	家禽（产蛋期禁用）	肌肉/肝/肾	50	50
氯唑西林	所有食品动物（产蛋期禁用）	肌肉/脂肪/肝/肾	300	300
苯唑西林	所有食品动物（产蛋期禁用）	肌肉/脂肪/肝/肾	300	300
喹诺酮类合成抗菌药				
达氟沙星	家禽（产蛋期禁用）	肌肉	200	200
		脂肪	100	皮+脂：100
		肝/肾	400	400

续表

药物名称	动物种类	靶组织	GB31650—2019 残留限量 / (微克/千克)	农业部 235 公告 残留限量 / (微克/千克)
二氟沙星	家禽 （产蛋期禁用）	肌肉	300	300
		皮 + 脂	400	400
		肝	1900	1900
		肾	600	600
恩诺沙星	家禽 （产蛋期禁用）	肌肉 / 皮 + 脂	100	100
		肝	200	200
		肾	300	300
氟甲喹	鸡 （产蛋期禁用）	肌肉 / 肝	500	500
		皮 + 脂	1000	1000
		肾	3000	3000
沙拉沙星	鸡 / 火鸡 （产蛋期禁用）	肌肉	10	10
		脂肪	20	20
		肝 / 肾	80	80
噁喹酸	鸡 （产蛋期禁用）	肌肉	100	100
		脂肪	50	50
		肝 / 肾	150	150
四环素类抗生素				
多西环素	家禽 （产蛋期禁用）	肌肉	100	100
		皮 + 脂 / 肝	300	300
		肾	600	600
土霉素 / 金霉素 / 四环素	家禽	肌肉	200	200
		肝	600	600
		肾	1200	1200

续表

药物名称	动物种类	靶组织	GB31650—2019 残留限量 /（微克/千克）	农业部235公告 残留限量 /（微克/千克）
大环内酯类抗生素				
红霉素	鸡/火鸡	肌肉/脂肪/肝/肾	100	200
吉他霉素	家禽	肌肉/肝/肾/可食下水	200	200 可食下水
螺旋霉素	鸡	肌肉	200	—
		脂肪	300	—
		肝	600	—
		肾	800	—
替米考星	鸡 （产蛋期禁用）	肌肉	150	75
		皮+脂	250	75
		肝	2400	1000
		肾	600	250
	火鸡	肌肉	100	—
		皮+脂	250	—
		肝	1400	—
		肾	1200	—
泰乐菌素	鸡/火鸡	肌肉/脂肪/肝/肾	100	200
泰万菌素	家禽	皮+脂/肝	50	—
酰胺醇类抗生素				
氟苯尼考	家禽 （产蛋期禁用）	肌肉	100	100
		皮+脂	200	200
		肝	2500	2500
		肾	750	750

续表

药物名称	动物种类	靶组织	GB31650—2019残留限量/（微克/千克）	农业部235公告残留限量/（微克/千克）
甲砜霉素	家禽（产蛋期禁用）	肌肉/皮+脂/肝/肾	50	鸡：50
氨基糖苷类抗生素				
庆大霉素	鸡/火鸡	可食组织	100	100
卡那霉素	所有食品动物（产蛋期禁用，不包括鱼）	肌肉/皮+脂	100	—
		肝	600	—
		肾	2500	—
		奶	150	—
新霉素	所有食品动物	肌肉/脂肪	500	鸡/火鸡/鸭：500
		肝	5500	鸡/火鸡/鸭：500
		肾	9000	鸡/火鸡/鸭：10000
大观霉素	鸡	肌肉	500	500
		脂肪/肝	2000	2000
		肾	5000	5000
链霉素/双氢链霉素	鸡	肌肉/脂肪/肝	600	600
		肾	1000	1000
林可胺类抗生素				
林可霉素	家禽	肌肉	200	100
		脂肪	100	100
		肝/肾	500	500/1500
磺胺类合成抗菌药				
磺胺二甲嘧啶	所有食品动物（产蛋期禁用）	肌肉/脂肪/肝/肾	100	—

药物名称	动物种类	靶组织	GB31650—2019 残留限量 /（微克 / 千克）	农业部 235 公告 残留限量 /（微克 / 千克）
磺胺类	所有食品动物（产蛋期禁用）	肌肉 / 脂肪 / 肝 / 肾	100	100
寡糖类抗生素				
阿维拉霉素	鸡 / 火鸡（产蛋期禁用）	肌肉 / 皮 + 脂 / 肾	200	/
		肝	300	/
多肽类抗生素				
杆菌肽	家禽	可食组织	500	/
黏菌素	鸡 / 火鸡	肌肉 / 皮 + 脂 / 肝	150	鸡：150
		肾	200	鸡：200
维吉尼亚霉素	家禽	肌肉	100	100
		皮 + 脂 / 肾	400	皮 / 脂：200 / 300
		肝	300	300
合成抗菌药				
氨苯胂酸 / 洛克沙胂	鸡 / 火鸡	肌肉 / 副产品	500	500
双萜烯类抗生素				
泰妙菌素	鸡	肌肉 / 皮 + 脂	100	100
		肝	1000	1000
	火鸡	肌肉 / 皮 + 脂	100	100
		肝	300	300
杀虫药				
环丙氨嗪	家禽	肌肉 / 脂肪 / 副产品	50	50

续表

药物名称	动物种类	靶组织	GB31650—2019 残留限量 /（微克/千克）	农业部235公告 残留限量 /（微克/千克）
溴氰菊酯	鸡	肌肉	30	30
		皮+脂	500	500
		肝/肾	50	50
倍硫磷	家禽	肌肉/脂肪/副产品	100	100
氟胺氰菊酯	所有食品动物	肌肉/脂肪/副产品	10	—
马拉硫磷	家禽	肌肉/脂肪/副产品	4000	4000
抗菌增效剂				
甲氧苄啶	家禽（产蛋期禁用）	肌肉/皮+脂/肝/肾	50	50

附录3 禽蛋中规定最大残留限量的兽药

药物名称	动物种类	靶组织	GB31650-2019 残留限量 /（微克/千克）	农业部235公告 残留限量 /（微克/千克）
抗线虫药				
非班太尔/芬苯达唑/奥芬达唑	家禽	蛋	1300（仅芬苯达唑）	—
氟苯达唑	家禽	蛋	400	—

续表

药物名称	动物种类	靶组织	GB31650-2019 残留限量 /（微克 / 千克）	农业部 235 公告 残留限量 /（微克 / 千克）
哌嗪	鸡	蛋	2000	2000
抗球虫药				
氨丙啉	鸡 / 火鸡	蛋	4000	—
大环内酯类抗生素				
红霉素	鸡	蛋	50	150
泰乐菌素	鸡	蛋	300	200
泰万菌素	家禽	蛋	200	—
林可胺类抗生素				
林可霉素	鸡	蛋	50	50
氨基糖苷类抗生素				
新霉素	所有食品动物	蛋	500	500
大观霉素	鸡	蛋	2000	2000
四环素类抗生素				
土霉素 / 金霉素 / 四环素	家禽	蛋	400	200
双萜烯类抗生素				
泰妙菌素	鸡	蛋	1000	1000
合成抗菌药				
氨苯胂酸 / 洛克沙胂	鸡 / 火鸡	蛋	500	500
多肽类抗生素				
杆菌肽	家禽	蛋	500	500
黏菌素	鸡	蛋	300	300
溴氰菊酯	鸡	蛋	30	30

附录 4　不需要制定休药期的兽药品种

序号	兽药名称	标准来源
1	乙酰胺注射液	兽药典 2000 版
2	二甲硅油	兽药典 2000 版
3	二巯丙磺钠注射液	兽药典 2000 版
4	三氯异氰脲酸粉	部颁标准
5	大黄碳酸氢钠片	兽药规范 92 版
6	山梨醇注射液	兽药典 2000 版
7	马来酸麦角新碱注射液	兽药典 2000 版
8	马来酸氯苯那敏片	兽药典 2000 版
9	马来酸氯苯那敏注射液	兽药典 2000 版
10	氢氯噻嗪片	兽药规范 78 版
11	月苄三甲氯铵溶液	部颁标准
12	止血敏注射液	兽药规范 78 版
13	水杨酸软膏	兽药规范 65 版
14	丙酸睾酮注射液	兽药规范 2000 版
15	右旋糖酐铁钴注射液（铁钴针注射液）	兽药规范 78 版
16	右旋糖酐 40 氯化钠注射液	兽药典 2000 版
17	右旋糖酐 40 葡萄糖注射液	兽药典 2000 版

续表

序号	兽药名称	标准来源
18	右旋糖酐 70 氯化钠注射液	兽药典 2000 版
19	叶酸片	兽药典 2000 版
20	四环素醋酸可的松眼膏	兽药规范 78 版
21	对乙酰氨基酚片	兽药典 2000 版
22	对乙酰氨基酚注射液	兽药典 2000 版
23	尼可刹米注射液	兽药典 2000 版
24	甘露醇注射液	兽药典 2000 版
25	甲基硫酸新斯的明注射液	兽药规范 65 版
26	亚硝酸钠注射液	兽药规范 2000 版
27	安络血注射液	兽药规范 2000 版
28	次硝酸铋（碱式硝酸铋）	兽药规范 2000 版
29	次碳酸铋（碱式碳酸铋）	兽药规范 2000 版
30	呋赛米片	兽药规范 2000 版
31	呋赛米注射液	兽药规范 2000 版
32	辛氨乙甘酸溶液	部颁标准
33	乳酸钠注射液	兽药典 2000 版
34	注射用异戊巴比妥钠	兽药典 2000 版
35	注射用血促性素	兽药规范 92 版
36	注射用抗血促性素血清	部颁标准
37	注射用垂体促黄体素	兽药规范 78 版

序号	兽药名称	标准来源
38	注射用促黄体素释放激素 A2	部颁标准
39	注射用促黄体素释放激素 A3	部颁标准
40	注射用绒促性素	兽药典 2000 版
41	注射用硫代硫酸钠	兽药规范 65 版
42	注射用解磷定	兽药规范 65 版
43	苯扎溴铵溶液	兽药典 2000 版
44	青蒿琥酯片	部颁标准
45	鱼石脂软膏	兽药规范 78 版
46	复方氯化钠注射液	兽药典 2000 版
47	复方氯胺酮注射液	部颁标准
48	复方磺胺噻唑软膏	兽药规范 78 版
49	复合维生素 B 注射液	兽药规范 78 版
50	宫炎清溶液	部颁标准
51	枸橼酸钠注射液	兽药规范 92 版
52	毒毛花苷 K 注射液	兽药典 2000 版
53	氢氯噻嗪片	兽药典 2000 版
54	洋地黄毒苷注射液	兽药规范 78 版
55	浓氯化钠注射液	兽药典 2000 版
56	重酒石酸去甲肾上腺素注射液	兽药典 2000 版
57	烟酰胺片	兽药典 2000 版

续表

序号	兽药名称	标准来源
58	烟酰胺注射液	兽药典 2000 版
59	烟酸片	兽药典 2000 版
60	盐酸利多卡因注射液	兽药典 2000 版
61	盐酸肾上腺素注射液	兽药规范 78 版
62	盐酸甜菜碱预混剂	部颁标准
63	盐酸麻黄碱注射液	兽药规范 78 版
64	萘普生注射液	兽药典 2000 版
65	酚磺乙胺注射液	兽药典 2000 版
66	黄体酮注射液	兽药典 2000 版
67	氯化胆碱溶液	部颁标准
68	氯化钙注射液	兽药典 2000 版
69	氯化钙葡萄糖注射液	兽药典 2000 版
70	氯化氨甲酰甲胆碱注射液	兽药典 2000 版
71	氯化钾注射液	兽药典 2000 版
72	氯化琥珀胆碱注射液	兽药典 2000 版
73	氯甲酚溶液	部颁标准
74	硫代硫酸钠注射液	兽药典 2000 版
75	硫酸新霉素软膏	兽药规范 78 版
76	硫酸镁注射液	兽药典 2000 版
77	葡萄糖酸钙注射液	兽药典 2000 版

续表

序号	兽药名称	标准来源
78	溴化钙注射液	兽药规范 78 版
79	碘化钾片	兽药典 2000 版
80	碳式碳酸铋片	兽药典 2000 版
81	碳酸氢钠片	兽药典 2000 版
82	碳酸氢钠注射液	兽药典 2000 版
83	醋酸泼尼松眼膏	兽药典 2000 版
84	醋酸氟轻松软膏	兽药典 2000 版
85	硼葡萄糖酸钙注射液	部颁标准
86	输血用枸橼酸钠注射液	兽药规范 78 版
87	硝酸士的宁注射液	兽药典 2000 版
88	醋酸可的松注射液	兽药典 2000 版
89	碘解磷定注射液	兽药典 2000 版
90	中药及中药成分制剂、维生素类、微量元素类、兽用消毒剂、生物制品类等五类产品（产品质量标准中有除外）	

附录5　团体标准：肉鸽饲养管理技术规程（T/CAAA038—2020）

1　范围

本标准规定了肉鸽养殖的场地要求、种鸽引进、商品鸽饲养管理、种鸽饲养管理、卫生防疫、病死鸽处理和档案记录。

本标准适用于肉鸽饲养场。

2 规范性引用文件

下列文件对于本文件的应用是必不可少的。凡是注日期的引用文件，仅注日期的版本适用于本文件。凡是不注日期的引用文件，其最新版本（包括所有的修改单）适用于本文件。

HJ/T 81 畜禽养殖业污染防治技术规范

NY/T 388 畜禽场环境质量标准

NY 5027 畜禽饮用水水质

NY/T 5030 兽药使用准则

NY 5032 畜禽饲料和饲料添加剂使用准则

农医发〔2010〕20 号 家禽产地检疫规程

农医发〔2010〕33 号 跨省调运种禽产地检疫规程

农医发〔2017〕25 号 病死及病害动物无害化处理技术规范

3 术语和定义

下列术语和定义适用于本文件。

3.1

乳鸽 squab

0d~28d 的鸽。

3.2

童鸽 squeaker

29d~60d 的鸽。

3.3

青年鸽 fledging

61d 至开产的鸽。

3.4

产鸽 laying pigeon

开产以后的鸽。

3.5

种鸽 breeding pigeon

以获取后代为生产目的的鸽

3.6

大鸽 pigeon

一般指 29d~120d 的商品鸽。

3.7

保健砂 health sand

由砂、矿物质、微量元素和维生素等配合而成的补充剂。

3.8

仿真蛋 emulational egg

亲鸽在繁殖期间受精蛋被抽走并窝孵化或进行人工孵化时为保持其鸽乳正常生成而采用的一种模型蛋。

4　场地要求

应符合 NY/T 388 和 HJ/T 81 的要求。

5　种鸽引进

应从具有《种畜禽生产经营许可证》和《动物防疫合格证》的种鸽场引进。种鸽的调运应按跨省调运种禽产地检疫规程（农医发〔2010〕33 号）和家禽产地检疫规程（农医发〔2010〕20 号）的规定执行。

6　商品鸽饲养管理

6.1　乳鸽

6.1.1　饲养方式

6.1.1.1　亲鸽哺喂。全程由亲鸽哺喂，哺育期种鸽饲粮营养需要量参见附录 A。

6.1.1.2　分阶段饲喂。0d~17d 亲鸽哺喂，18d~28d 人工饲喂。18d~28d 乳鸽饲粮营养需要量参见附录 B。

6.1.2 管理

6.1.2.1 亲鸽哺喂。全程对体重差异较大的乳鸽及时进行换位或调并，0d~14d 在巢盆饲养，15d 后转移到底网上饲养。

6.1.2.2 分阶段饲喂。0d~17d 亲鸽哺喂，对体重差异较大的乳鸽及时进行换位或调并；18d~28d 转移至网上平养，人工饲喂，饲养密度 10 只 /m²~12 只 /m²。

6.1.2.3 冬季应防寒保暖，夏季应防暑降温，鸽舍通风换气良好。

6.1.2.4 及时出栏。

6.2 大鸽

6.2.1 饲养方式

飞棚饲养。密度 12 只 /m²~14 只 /m²。

6.2.2 饲喂

颗粒料加原粮混合料或全价颗粒饲料投喂，自由采食，饲料和饲料添加剂应符合 NY 5032 的要求。营养需要量参见附录 C。

6.2.3 饮水

乳头式、杯式自动饮水器供给，饮用水应符合 NY 5027 的要求。

6.2.4 保健砂添加

每日添加，自由采食。保健砂配制参见附录 D。

7 种鸽饲养管理

7.1 种用乳鸽饲养管理

7.1.1 饲养方式

同 6.1.1.1。

7.1.2 管理

7.1.2.1 乳鸽 0d~14d 在巢盆饲养，15d 后转移到底网上饲养，生长过程中体重差异大的及时换位饲养。

7.1.2.2 第 12d~15d 淘汰个体过小、体格差的雏鸽，佩戴品种（系）标识环，核心群佩戴系谱脚环，做好记录。采集羽髓，鉴别雌雄，佩戴性别环。

7.1.2.3 冬季应防寒保暖，夏季应防暑降温，鸽舍通风换气良好。

7.2　童鸽

7.2.1　童鸽选择

选择 29d~30d 符合本品种体型外貌特征、体重在选择范围以内的鸽。

7.2.2　饲养方式

保育笼饲养。3 只 / 笼 ~4 只 / 笼，保育笼规格为 35cm×50cm×55cm 或用产鸽笼代替。

7.2.3　饲喂

同 6.2.2。

7.2.4　饮水

同 6.2.3。

7.2.5　保健砂的添加

同 6.2.4。

7.3　青年鸽

7.3.1　青年鸽选择

60d 左右第 1 次选择，要求体格健壮、发育良好、羽毛丰满。150d~180d 第 2 次选择，淘汰失格个体，选留羽毛丰满、体态健硕、精神状态好、体重适宜的个体。

7.3.2　饲养方式

61d~150d 飞棚饲养，密度 8 只 /m^2~12 只 /m^2。151d~180d 种鸽笼饲养，公母配对，1 笼 1 对。

7.3.3　饲喂

同 6.2.2。

7.3.4　饮水

同 6.2.3。

7.3.5　保健砂添加

同 6.2.4。

7.3.6　安巢

青年鸽配对成功后，应配置产蛋窝。

7.3.7 光照

151d~180d 应人工补光,光照时间逐步延长至 16h,光照强度应为 15lx~25lx。

7.4 产鸽

7.4.1 饲养方式

种鸽笼饲养,公母配对,1 笼 1 对。种鸽笼规格 45cm×50cm×60cm。

7.4.2 饲喂

颗粒料加原粮混合料或全价颗粒饲料投喂,自由采食。产鸽配合饲料营养水平参见附录 A。

7.4.3 饮水

同 6.2.3。

7.4.4 保健砂添加

同 6.2.4。

7.4.5 光照

时间为 16h~16.5h,强度为 15lx~25lx。

7.4.6 产蛋

根据繁殖记录或雌雄鸽产蛋前爱抚、交配次数增加等行为,应及时在巢盆内放置垫布。

7.4.7 孵化

7.4.7.1 自然孵化

种鸽产蛋结束后对单产的或时间相近的种蛋调并在一起由亲鸽自然孵化,1 对种鸽可同时孵化 3 枚 ~4 枚种蛋。核心群种蛋应全部采用自然孵化,且不并蛋。

7.4.7.2 人工孵化

种鸽产蛋结束后及时将种蛋移至孵化箱集中孵化,被抽蛋实行人工孵化的产鸽应 3 窝到 4 窝中有 2 窝继续孵化仿真蛋。

7.4.8 照蛋

孵化 4d~5d 后,第一次照蛋取出无精蛋与死胚蛋;孵化 10d~11d 后,第二次照蛋取出死胚蛋。

7.4.9 出雏与并仔

7.4.9.1 自然孵化的根据产鸽数和出鸽数及时并窝处理。

7.4.9.2 人工孵化的每天上午和下午各出雏一次，出雏室温度控制在20℃~30℃。鸽出完后及时由饲养员保温领回，并放在已经孵化仿真蛋17d~18d的产鸽窝中哺育。

7.4.9.3 每对哺育产鸽带3只~4只雏鸽，核心群雏鸽全部应亲鸽哺喂，且不拼并。

7.4.10 哺育

参照6.1和7.1。

8 卫生防疫

8.1 消毒

8.1.1 场区

8.1.1.1 鸽舍进鸽前进行彻底清扫、洗刷、消毒，空置2周以上，饲养期每周带鸽消毒2次，饲槽、料车等每周消毒1次。

8.1.1.2 饲养人员每次进入生产区应进行消毒、更衣、换鞋。

8.1.1.3 道路及鸽舍周围环境每周消毒1次，定期更换消毒池内的消毒液。

8.1.2 孵化室

8.1.2.1 门口设置消毒池、更衣室、洗手盆。

8.1.2.2 种蛋入孵前熏蒸消毒。

8.1.2.3 定期清洗孵化机并消毒，出雏后及时对出雏机清洗消毒。

8.1.2.4 每天对室内进行消毒。

8.2 免疫

按照免疫程序做好免疫工作，按时检测抗体水平，根据监测结果及时接种疫苗。免疫程序参见附录E。

8.3 疫病预防、监测和控制

应符合家禽产地检疫规程（农医发〔2010〕20号）的要求，药物使用应符合NY 5030和NY 5032的要求。

9 病死鸽处理

按病死及病害动物无害化处理技术规范（农医发〔2017〕25 号）的规定执行。

10 档案记录

10.1 记录

存栏数、品种、舍号、体重、耗料、防疫、用药、消毒、鸽只变动、环境条件、蛋重、产蛋率、受精率、孵化率、死淘率、生产、销售、疾病防治及无害化处理等，记录应准确、完整。

10.2 档案

保存 2 年。

附录 A

（资料性附录）

产鸽配合饲料营养水平

A.1 哺育期产鸽配合饲料营养水平

见表 A.1。

表 A.1　哺育期产鸽配合饲料营养水平

类别	代谢能 /（MJ/kg）	粗蛋白 /%	钙 /%	总磷 /%	粗脂肪 /%	赖氨酸 /%	蛋氨酸 /%	粗纤维 /%	粗灰分 /%	食盐 /%
配合饲料 A	11.7	15.6	1.2~1.5	0.45~0.6	3.5	0.88	0.35	4.0	9.5	0.4~0.5
配合饲料 B	12.0	19.5	1.2~1.5	0.45~0.6	4.0	1.11	0.46	4.5	10.5	0.4~0.5

A.2 孵化期产鸽配合饲料营养水平

见表 A.2。

表 A.2　孵化期产鸽配合饲料营养水平

类别	代谢能 /（MJ/kg）	粗蛋白 /%	钙 /%	总磷 /%	粗脂肪 /%	赖氨酸 /%	蛋氨酸 /%	粗纤维 /%	粗灰分 /%	食盐 /%
配合饲料	11.5	14.5	1.2~1.5	0.45~0.6	3.5	0.66	0.35	4.0	9.5	0.4~0.5

附录 B

（资料性附录）

乳鸽配合饲料营养水平

B.1 乳鸽（0d~7d）配合饲料营养水平

见表 B.1。

表 B.1 0d~7d 配合饲料营养水平

类别	代谢能 /（MJ/kg ）	粗蛋白/%	钙/%	总磷/%	粗脂肪/%	赖氨酸/%	蛋氨酸/%	粗纤维/%	粗灰分/%	食盐/%
配合饲料	11.7	22.0	0.8~1.3	0.45~0.6	3.0	0.96	0.35	4.0	9.5	0.3~0.5

B.2 乳鸽（8d~17d）配合饲料营养水平

见表 B.2。

表 B.2 8d~17d 配合饲料营养水平

类别	代谢能 /（MJ/kg ）	粗蛋白/%	钙/%	总磷/%	粗脂肪/%	赖氨酸/%	蛋氨酸/%	粗纤维/%	粗灰分/%	食盐/%
配合饲料	12.1	21.5	0.8~1.3	0.45~0.6	3.0	1.12	0.35	4.0	9.5	0.3~0.5

B.3 乳鸽（18d~28d）配合饲料营养水平

见表 B.3。

表 B.3 18d~28d 配合饲料营养水平

类别	代谢能 /（MJ/kg ）	粗蛋白/%	钙/%	总磷/%	粗脂肪/%	赖氨酸/%	蛋氨酸/%	粗纤维/%	粗灰分/%	食盐/%
配合饲料	12.5	19.5	1.2~1.3	0.45~0.6	3.0	0.90	0.38	4.0	9.5	0.3~0.5

附录 C

（资料性附录）

童鸽、青年鸽配合饲料营养水平

C.1 童鸽配合饲料营养水平

见表 C.1。

类别	代谢能/（MJ/kg）	粗蛋白/%	钙/%	总磷/%	粗脂肪/%	赖氨酸/%	蛋氨酸/%	粗纤维/%	粗灰分/%	食盐/%
表 C.1 童鸽配合饲料营养水平										
配合饲料	11.7	14.5	0.8~1.3	0.45~0.6	3.5	0.76	0.35	4.0	9.5	0.3~0.5

C.2 青年鸽（61d~150d）配合饲料营养水平

见表 C.2。

类别	代谢能/（MJ/kg）	粗蛋白/%	钙/%	总磷/%	粗脂肪/%	赖氨酸/%	蛋氨酸/%	粗纤维/%	粗灰分/%	食盐/%
表 C.2 61d~150d 配合饲料营养水平										
配合饲料	11.2	11.6	0.8~1.3	0.45~0.6	3.5	0.71	0.35	4.0	9.5	0.3~0.5

C.3 青年鸽（151d~180d）配合饲料营养水平

见表 C.3。

类别	代谢能/（MJ/kg）	粗蛋白/%	钙/%	总磷/%	粗脂肪/%	赖氨酸/%	蛋氨酸/%	粗纤维/%	粗灰分/%	食盐/%
表 C.3 151d~180d 配合饲料营养水平										
配合饲料	11.4	14.0	1.2~1.3	0.45~0.6	3.5	0.65	0.38	4.0	9.5	0.3~0.5

附录 D
（资料性附录）
肉鸽不同生产阶段保健砂推荐配方

D.1 童鸽、青年鸽保健砂推荐配方

见表 D.1。

表 D.1 童鸽、青年鸽保健砂推荐配方

单位：%

类别	河沙	贝壳粉	磷酸氢钙	食盐	蛋氨酸	赖氨酸	微量元素预混剂	复合维生素预混剂	其他（大蒜素、中草药酵母硒等）
推荐配方	41.0	42.5	9.0	0.40	0.05	0.05	0.10	0.10	适量添加

D.2 非育雏期产鸽保健砂推荐配方

见表 D.2。

表 D.2 非育雏期产鸽保健砂推荐配方

单位：%

类别	河沙	贝壳粉	磷酸氢钙	食盐	蛋氨酸	赖氨酸	微量元素预混剂	复合维生素预混剂	其他（大蒜素、中草药酵母硒等）
推荐配方	40.0	42.5	9.0	0.45	0.05	0.05	0.15	0.10	适量添加

D.3 育雏期产鸽保健砂推荐配方

见表 D.3。

表 D.3 育雏期产鸽保健砂推荐配方

单位：%

类别	河沙	贝壳粉	磷酸氢钙	食盐	蛋氨酸	赖氨酸	微量元素预混剂	复合维生素预混剂	其他（大蒜素、中草药酵母硒等）
推荐配方	36.0	44.9	9.5	0.50	0.05	0.10	0.20	0.15	适量添加

附录 E

（资料性附录）
肉鸽免疫程序

肉鸽免疫程序见表 E.1。

表 E.1　肉鸽免疫程序

项目	15d~25d	45d~60d	150d~160d	产蛋后每270d~365d
首次免疫	新城疫弱毒冻干苗（Ⅳ系）1头份滴鼻点眼 + 新城疫油苗 0.3mL/只注射			
第二次免疫		新城疫弱毒冻干苗（Ⅳ系）2头份滴鼻点眼 + 新城疫油苗 0.4mL/只注射		
第三次免疫			新城疫弱毒冻干苗（Ⅳ系）3头份滴鼻点眼 + 新城疫油苗 0.5mL/只注射	
产蛋以后免疫				新城疫油苗 0.5mL/只注射

注1：每年的（5~9）月份进行（3~5）日龄禽痘弱毒苗刺种。

2：本免疫程序可供疫病常发地区参考，非疫区可结合实际情况选择参考。

3：新城疫抗体滴度检测水平小于6log2时，需进行疫苗接种。

4：在禽流感高发区应根据抗体滴度检测水平判断是否需要进行。

5：商品鸽根据鸽群健康状况和上市时间适时免疫。

附录6　蛋鸽饲养管理技术规程
（GB/T 36196—2018）

1　范围

本标准规定了蛋鸽养殖的种鸽引进，场地要求，蛋鸽饲养管理，蛋种鸽饲养管理，鸽蛋收集、包装、运输和储存，卫生防疫，档案记录。

本标准适用于蛋鸽的饲养管理。

2　规范性引用文件

下列文件对于本文件的应用是必不可少的。凡是注日期的引用文件，仅注日期的版本适用于本文件。凡是不注日期的引用文件，其最新版本（包括所有的修改单）适用于本文件。

GB 2749　食品安全国家标准　蛋与蛋制品

NY/T 388　畜禽场环境质量标准

NY 5027　无公害食品　畜禽饮用水水质

NY 5030　无公害食品　畜禽饲养兽药使用准则

NY 5032　无公害食品　畜禽饲料和饲料添加剂使用准则

病死及病害动物无害化处理技术规范（农业部农医发〔2017〕25号）

跨省调运种禽产地检疫规程（农业部农医发〔2010〕33号）

家禽产地检疫规程（农业部农医发〔2010〕20号）

3　术语和定义

下列术语和定义适用于本文件。

3.1

乳鸽 squab

30d 内的幼鸽。

3.2

童鸽 squeaker

30d~60d 的鸽子。

3.3

青年鸽 fledging

60d~180d 的鸽子。

3.4

产蛋鸽 laying pigeon

生产商品鸽蛋的鸽子。

3.5

蛋种鸽 breeding pigeon

繁殖蛋用鸽的种鸽。

3.6

保健砂 health sand

由砂、矿物质、微量元素和维生素等配合而成的补充剂。

4　种鸽引进

种鸽应从具有《种畜禽生产经营许可证》和《动物防疫合格证》的种鸽场引进；种鸽的调运应符合《家禽产地检疫规程》和《跨省调运种禽产地检疫规程》中的畜禽产地检疫和畜禽调运检疫规定。

5　场地要求

蛋鸽场环境质量应符合 NY/T 388 的要求。

6　蛋鸽饲养管理

6.1　童鸽的饲养管理

6.1.1　童鸽的选择

选择 30d~60d 健康鸽子，符合本品种体重指标 ±10% 范围以内。

6.1.2　饲养方式

　　保育笼饲养，4 只 / 笼 ~5 只 / 笼。

6.1.3　饲喂

　　以原粮和配合饲料混合投喂，童鸽期原粮与配合饲料比例参见附录 A。

6.1.4　饮水

　　一般由乳头、杯式自动饮水器供给。

6.1.5　保健砂的添加

　　每日添加，自由采食。

6.2　青年鸽的饲养管理

6.2.1　青年鸽的选择

　　第一次选择，60d 左右进行，要求体格健壮、发育良好、羽毛丰满。

　　第二次选择，150d~180d 进行，选择符合本品种体重指标 ±10% 范围内的鸽子，要求羽毛丰满、体态健硕、精神状态好。

6.2.2　饲养方式

　　60d~150d，网上平养，饲养密度 8 只 /m² ~10 只 /m²。150d~180d，产蛋笼饲养，双母配对。

6.2.3　饲喂

　　60d~150d 按照青年鸽原粮和配合饲料比例混合后饲喂，150d~180d 逐渐过渡产蛋鸽的配合饲料饲喂。青年鸽原粮和配合饲料比例及产蛋鸽配合饲料具体参见附录 A。

6.2.4　饮水

　　同 6.1.4。

6.2.5　保健砂的添加

　　同 6.1.5。

6.2.6　安巢

　　青年鸽配对成功后，应配置巢盆和棉垫，诱导其产蛋。

6.2.7　光照

　　150d~180d，采用人工补光，光照时间逐步延长至 15h，光照强度为 15lx~25lx。

6.3　产蛋鸽的饲养管理

6.3.1　饲养方式

双母配对笼养。

6.3.2　饲喂

采用配合饲料，蛋鸽各产蛋阶段营养需要量参见附录 B。

6.3.3　饮水

同 6.1.4。

6.3.4　保健砂的添加

同 6.1.5。

6.3.5　光照

光照时间为 15h~16.5h，光照强度为 15lx~25lx。

7　蛋种鸽饲养管理

7.1　乳鸽饲养管理

7.1.1　饲养方式

亲鸽哺喂，蛋鸽育雏阶段配合饲料营养水平参见附录 C。

7.1.2　管理

5d~7d，戴系谱脚环，做好繁殖记录；13d~30d，进行公母鉴别并戴性别脚环；淘汰繁殖性能差的个体。

7.2　种用童鸽的饲养管理

结合系谱资料，选择生长发育好、健康、无外貌缺陷、体重达标的乳鸽留种，管理参照 6.1。

7.3　种用青年鸽的饲养管理

60d~150d，公母分开饲养；150d 后，开始人工配对饲养；对出现打斗或不和现象及时调整。

7.4　孵化期种鸽饲养管理

孵化 3d~5d 照蛋，取出无精蛋，做好保暖降温工作，管理参照 6.3。

8 鸽蛋收集，包装、运输和储存

鸽蛋卫生应符合 GB 2749 的要求。每天 18 时开始收蛋，蛋箱或蛋托应经过消毒，收蛋人员应洗手消毒。将破蛋、砂壳蛋、软壳蛋、畸形蛋单独存放和处理。运输过程中应轻拿轻放，做好防潮、防晒、防雨淋、防污染和防冻工作。保存时间 7d 以内，贮存温度为 18℃以下，相对湿度为 60%~70%；超过 7d 以上，贮存温度为 2℃~4℃，相对湿度为 60%~70%。

9 卫生防疫

9.1 卫生

饮用水应符合 NY 5027 的要求，场地环境应符合 NY/T 388 的要求。

9.2 消毒

鸽舍进鸽前进行彻底清扫、洗刷、消毒，空置 2 周以上。饲养期每周带鸽消毒两次。饲槽、料车等每周消毒 1 次。饲养人员每次进入生产区进行消毒、更衣、换鞋。场区、道路及鸽舍周围环境每周消毒 1 次，定期更换消毒池消毒液。

9.3 免疫

按照制定的免疫程序做好免疫工作，并按时检测抗体水平，根据监测结果及时接种疫苗，保持鸽群的良好免疫水平。免疫程序参见附录 D。

9.4 其他

疫病预防、监测和控制应符合《家禽产地检疫规程》的要求，药物使用应符合 NY 5030 和 NY 5032 的要求。

10 档案记录

建立生产记录档案。记录内容包括：引种时间、数量、品种、来源、舍号、饲养员、体重、耗料、防疫、用药、消毒、鸽只变动、环境条件、蛋重、产蛋率、受精率、孵化率、死淘率等。所有记录应准确、完整。记录保存 3 年以上。

附录 A

（资料性附录）

蛋鸽各饲养期原料与配合饲料比例

蛋鸽各饲养期原料与配合饲料比例见表 A.1。

表 A.1　蛋鸽各饲养期原粮与配合饲料比例

饲养期	原料类型		比例 /%
童鸽	原粮料	玉米	30~40
		小麦	10
	配合饲料	配合饲料 A	50~60
青年鸽	原粮料	玉米	40~50
		小麦	10
	配合饲料	配合饲料 A	40~50
产蛋鸽	配合饲料	配合饲料	100

附录 B

（资料性附录）

蛋鸽各产蛋阶段营养需要量

蛋鸽各产蛋阶段营养需要量见表 B.1。

表 B.1　蛋鸽各产蛋阶段营养需要量

产蛋率	代谢能 /（MJ/kg）	粗蛋白 /%	钙 /%	总磷 /%	粗脂肪 /%	赖氨酸 /%	蛋氨酸 /%	粗纤维 /%	粗灰分 /%	食盐 /%
>10%	12.3	15	1.2~2.0	0.6~0.75	4.5	0.76	0.35	4.0	9.5	0.3~0.5
8%~10%	12.0	14	1.2~2.0	0.6~0.75	4.0	0.70	0.32	4.5	10.5	0.3~0.5
<8%	11.7	13.6	1.2~2.0	0.6~0.75	3.5	0.65	0.30	5.0	11.5	0.3~0.5

附录 C

（资料性附录）

蛋鸽育雏阶段配合饲料营养水平

蛋鸽育雏阶段配合饲料营养水平见表 C.1。

表 C.1　蛋鸽育雏阶段配合饲料营养水平

类别	代谢能 /（MJ/kg）	粗蛋白 /%	钙 /%	总磷 /%	粗脂肪 /%	赖氨酸 /%	蛋氨酸 /%	粗纤维 /%	粗灰分 /%	食盐 /%
配合饲料 A	11.7	15.6	0.8~1.5	0.45~0.6	3.5	0.76	0.35	4.0	9.5	0.3~0.5
配合饲料 B	12.0	19.5	0.8~1.5	0.45~0.6	4.0	1.11	0.46	4.5	10.5	0.3~0.5

参考文献

［1］卜柱，汤青萍．高效科学养鸽100问［M］．北京：中国农业出版社，2019．

［2］卜柱，赵宝华．图说高效养肉鸽关键技术［M］．北京：金盾出版社，2012．

［3］卜柱，戴有理．肉鸽高效益生产综合配套新技术［M］．北京：中国农业出版社，2010．

［4］陈益填，蔡流灵．肉鸽透视［M］．北京：中国农业出版社，2005．

［5］焦库华．禽病的临床诊断与防治［M］．北京：化学工业出版社，2003．

［6］赵宝华，戴鼎震，杨一波．鸽病防治图谱［M］．上海：上海科学技术出版社，2017．

［7］赵宝华，邢华．鸽病诊断与防治原色图谱．北京：金盾出版社，2012．

［8］顾澄海．养鸽新法［M］第2版．上海：上海科学技术出版社，2010．

［9］顾澄海．中国鸽文化鉴赏［M］．上海：上海科学技术出版社，2008.10．

［10］王增年，安宁．无公害肉鸽标准化生产［M］．北京：中国农业出版社，2006．

［11］张振兴．特禽饲养与疾病防治［M］．北京：中国农业出版社，2001．

［12］刘洪云．工厂化肉鸽饲养新技术［M］．北京：中国农业出版社，2002．

［13］陆应林，张振兴．肉鸽养殖［M］．北京：中国农业出版社，2004．

［14］王曾年，安宁．养鸽全书——信鸽、观赏鸽与肉鸽［M］．北京：中国农业出版社，2006．

［15］苏德辉，丁再棣等．肉鸽生产关键技术［M］．南京：江苏科学技术出版社，2000．

［16］刘洪云，张苏华，丁卫星．肉鸽科学饲养诀窍［M］．上海：上海科学技术文献出版社，2004．

［17］沈建忠．实用养鸽大全［M］．北京：中国农业出版社，1997．

［18］辛朝安．禽病学［M］第二版．北京：中国农业出版社，2008．

［19］戴鼎震．肉鸽生产大全［M］．南京：江苏科学技术出版社，2002．

[20]吴红.提高新配对种鸽出雏率的试验[J].养殖技术顾问,2008.(7):9.

[21]程占英,李晓索,常玉军.肉鸽场址及鸽舍规划[J].养殖技术顾问,2008.(9):14-15.

[22]王修启,李世波,詹勋等.肉鸽养殖"2+4"生产模式下种鸽的粗蛋白需要研究[J],饲料工业,2009,30(17):59-62.

[23]王修启,李世波,詹勋等.肉鸽养殖"2+4"生产模式下种鸽的能量需要研究[J],粮食与饲料工业,2009,(4):45-46.

[24]卫龙兴,徐永飞,唐则裔.商品蛋鸽双母配对养殖技术[J],动物科学,2013,(23):276,279.

[25]卜柱,厉宝林等.中国肉鸽主要品种资源与育种现状[J].中国畜牧兽医,2010.37(6):116-119.

[26]卜柱,王强,厉宝林.双母拼对笼养模式对鸽蛋营养及品质的测定分析[J]中国家禽,2010.32(20):27-28.

[27]郑立民.肉鸽的品种、饲料与设备[J].养殖技术顾问,2008.(7):16.

[28]赵宝华,傅元华,范建华等.鸽新城疫油乳剂灭活疫苗的研制 江苏农业学报,2010.26(6):1293-1297.

[29]赵宝华,卜柱,徐步等.肉鸽大肠杆菌的分离与鉴定 经济动物学报,2010.14(4):225-227.

[30]梁正翠,张高娜,杨海明.提高肉鸽繁殖力的措施[J].养禽和禽病防治,2008(10).

[31]赵宝华,程旭,卜柱等.肉鸽霉菌病的病原鉴定及病理组织学研究[J].经济动物学报,2010.14(3):161-163,167.

[32]李梅,张菊仙,魏杰文.云南省鸽新城疫病毒的分离鉴定[J].中国预防兽医学报,2001,23(3):290-192.

[33]卜柱,王强,厉宝林.肉鸽饲料营养研究进展[J]中国家禽,2010.32(24):47-49,53.

[34]陈鹏举,赵东明,张翰等.鸽I型副黏病毒的分离与鉴定[J].畜牧与兽医,2002.34(10):27-28.

[35]罗锋,陈泽华,苏遂琴等.鸽毛滴虫病的研究进展[J].中国兽医寄生虫病,2007.15(3):51-54.

［36］邹永新，余双祥，刘思伽等．广东地区鸽禽Ⅰ型副黏病毒分离株生物学特性研究［J］．中国家禽，2008.30(16)：42-43.

［37］余晓彬，邵冬冬，戴鼎震等．鸽痘病毒的分离与鉴定［J］．中国家禽，2009.31(7)：45-46.

［38］胡清海，黄建芳等．鸽腺病毒感染［J］．中国家禽，1999.21(3)：41-42.